MANHUA KEJI SHI

漫画科技史

从风筝到飞船

[英]潘妮·克拉克/著　　[英]大卫·安歇姆 等/绘

刘瑜/译

吉林美术出版社｜全国百佳图书出版单位

图书在版编目（CIP）数据

从风筝到飞船 /（英）潘妮·克拉克著；（英）大卫·安歇姆等绘；刘瑜译 . --
长春：吉林美术出版社，2022.8
　（漫画科技史）
书名原文：Brain Power:Flight:From Icarus to Space Ship One
ISBN 978-7-5575-7161-0

Ⅰ . ①从… Ⅱ . ①潘… ②大… ③刘… Ⅲ . ①飞行器－儿童读物 Ⅳ . ① V47-49

中国版本图书馆 CIP 数据核字 (2022) 第 118595 号

MANHUA KEJI SHI　　CONG FENGZHENG DAO FEICHUAN

漫画科技史　从风筝到飞船

作　　者　［英］潘妮·克拉克 著
　　　　　［英］大卫·安歇姆 等 绘
　　　　　刘　瑜 译
出 版 人　赵国强
策划编辑　王丹平
责任编辑　王　巍
助理编辑　王文辉　刘　璐　张　彤　冷　梅
设计制作　车　会
开　　本　1020mm×1260mm　1/8
印　　张　8
印　　数　1—3000 册
字　　数　80 千字
版　　次　2022 年 8 月第 1 版
印　　次　2022 年 8 月第 1 次印刷
出版发行　吉林美术出版社
地　　址　长春市净月开发区福祉大路 5788 号（邮编：130118）
网　　址　www.jlmspress.com
印　　刷　吉林省吉广国际广告股份有限公司
书　　号　ISBN 978-7-5575-7161-0
定　　价　59.00 元

MULU
目录

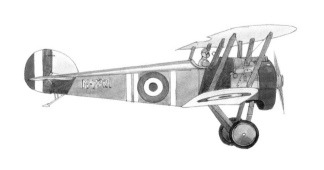

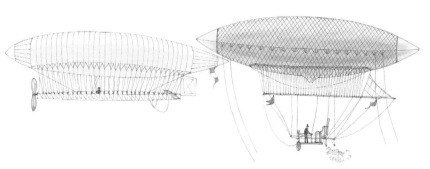

MULU
目录

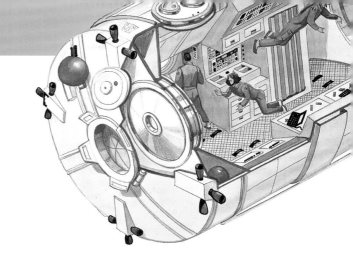

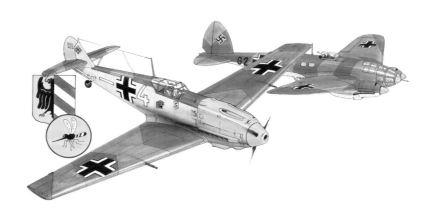

人类也想飞！

人类是从什么时候开始想飞的？第一个想飞的人又是谁呢？天晓得！不过，人类想飞的理由并不难猜。你瞧，鸟会飞，虫儿也会飞。它们拍拍翅膀，就轻轻松松地飞越森林、河流了，嗖地一个俯冲，食物就到嘴了。那人类是不是也可以像鸟一样飞上天呢？难喽！鸟类的翅膀上有大量的肌肉，相比之下，人类的手臂肌肉就逊色多了，它根本没法儿让手臂托起人类那沉重的身体。

人类能像鸟一样飞翔吗？

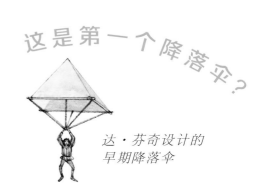

人们用了很长的时间才发现，鸟飞上天不仅仅是依靠翅膀。现在，人类知道自己永远都不可能像鸟一样在天空中自由飞翔。

这是第一个降落伞？

达·芬奇设计的早期降落伞

达·芬奇，意大利伟大的画家和科学家，人类已知的最早的直升机和降落伞的设计者。大概在16世纪初，达·芬奇就画出了早期降落伞的设计图，可惜并未造出实物。

航空大事记 11世纪 插上翅膀飞的奥利弗

奥利弗是谁？

奥利弗（左图）是11世纪英国的一位修道士。飞行，是他的人生目标，为此，他在自己的胳膊上绑了一对儿自制的翅膀，就开始"飞"了。据说，他飞了180米远，但这种说法至今存疑。像所有"鸟人"一样，最终，奥利弗还是"啪叽"一声摔到了地上。

用羽毛和蜡做的翅膀

戴达鲁斯

伊卡洛斯

在希腊传说中，克里特岛国王米诺斯囚禁了戴达鲁斯和他的儿子伊卡洛斯。这父子俩用羽毛和蜡做成翅膀，逃出监牢。戴达鲁斯警告伊卡洛斯不要在太阳附近飞行，因为蜡会熔化。伊卡洛斯没有听父亲的忠告，结果太阳烤化了翅膀上的蜡，伊卡洛斯掉进大海，丢了性命。

国王也有飞天梦？

传说，在公元前1500年，波斯（今伊朗）国王卡伊·卡乌斯在他的王座上拴了四只大白鸽，希望借助它们的力量实现自己的飞天梦。

鸟神

早期的人类竟然把鸟当成神来崇拜，是不是难以理解？比如，当他们看到老鹰几乎不用扇动翅膀，就能奇迹般地直冲云霄、自由翱翔时，内心惊叹得简直是无法形容。因为那时的人类并不知道是上升的暖气流助了老鹰一臂之力。在距今约5000年前的古埃及坟墓上，人们发现了鸟神图案（上图）。世界上很多国家和民族都有各自崇拜的鸟神图腾。

这是一只鹰？

这件翼神手工艺品（下图）来自古代墨西哥，是不是很像一只展翅欲飞的鹰？

为手臂增添力量

通过近距离观察鸟类飞行，达·芬奇终于意识到，人类孱弱的胳膊难以承担飞行的大任，为此，在接下来设计的150多种飞行器中，他都将重点放在了利用滑轮和杠杆给手臂增添力量上。

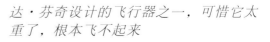

达·芬奇设计的飞行器之一，可惜它太重了，根本飞不起来

热气球飞上天了！

尽管莱奥纳多·达·芬奇非常有头脑，也做了无数次尝试，但是飞行对人类来说始终是个遥不可及的梦想。即便这样，发明家们也没有放弃，他们不断地寻找其他方法，使人类离开地面。利用热空气似乎是最可行的办法。1783年6月，约瑟夫·蒙哥尔费（左图）和艾蒂安·蒙哥尔费兄弟俩把热空气注入直径约11米的亚麻布囊，使这个热气球升到了1800米的高度。但是，这种热气球要做得很大很大才能承载起一定的重量。后来，英国化学家亨利·卡文迪许发现氢气似乎比热空气更可行。

航空大事记
阿兰德侯爵乘热气球飞行

我在这儿！

阿兰德侯爵

首批乘客：一只公鸡、一只鸭子、一只羊

1783年9月，人类终于迎来了载"人"热气球的第一次飞行！

高度易燃！

蒙哥尔费兄弟的成功经历激励着其他有飞翔志向的年轻人。

1783年11月，阿兰德侯爵和他的同伴乘坐他的"战船"在巴黎上空飞行了9000米。大家知道，早期的热气球是十分危险的。为了能使热空气托起热气球，人们得在热气球底下悬挂一个大火盆，把高度易燃的材料点着。

瞧那熊熊燃烧的火焰！

1783 年，雅克·查尔斯教授成为世界上第一个乘坐氢气球飞行的人。

1797 年，安德烈·雅克·加纳林做了一件惊世骇俗的事——从飞行的热气球上跳了下来。（上图）

统统都扔掉！

1785 年，美国人约翰·杰弗里斯和法国人让－皮埃尔·布朗夏尔搭乘热气球成功穿越英吉利海峡。不过，那次旅行简直是场灾难，因为热气球破了一个洞，漏气啦。幸好他们把所有可以扔的东西一股脑儿地扔了出去，这才平安降落在法国加莱附近的一片树林里。

气囊型飞艇

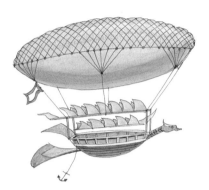

1837 年，乔治·凯莱爵士设计出一个装有流线型气囊的飞艇（上图）。遗憾的是，这个发明没有成功。

发条装置

1850 年，皮埃尔·朱利安参照乔治·凯莱的"流线型"设想，做出了一个飞艇模型（右图），这个飞艇模型有一个由发条装置驱使的螺旋桨。

皮埃尔·朱利安的飞艇模型

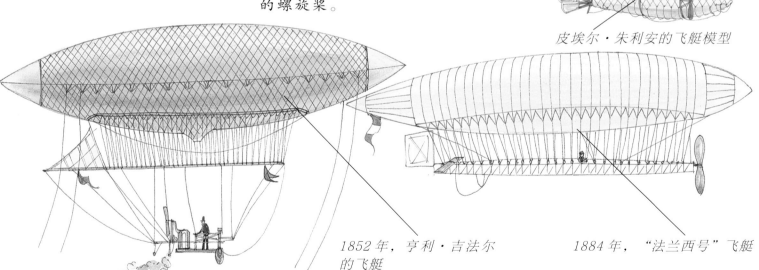

1852 年，亨利·吉法尔的飞艇

1884 年，"法兰西号"飞艇

流线型飞艇

1852 年，法国工程师亨利·吉法尔证明了流线型的实用性，他制造的流线型飞艇（上图），气囊充满氢气，利用蒸汽机驱动螺旋桨。这艘飞艇载着他从巴黎飞到了特拉普，飞行距离 27 千米。

由电力驱动的飞艇

1884 年，也就是第一艘飞艇升空 101 年后，"法兰西号"飞艇（上图）腾空飞起，它依靠电力驱动，时速高达 22 千米。

滑翔机和风筝

热气球和早期的飞艇都有一个大缺点：它们完全是靠风的"怜悯"才能在空中翱翔。1804年，乔治·凯莱工程师做出了滑翔机模型。由于对模型不满意，他一次又一次地尝试，想要制造出更大的滑翔机。1853年，他终于造出了载人滑翔机。很多人在凯莱的设计基础上加以研究和改造，比如德国人奥托·李林塔尔，他研制出与我们现在的悬挂式滑翔机非常像的滑翔机。但令人遗憾的是，在一次飞行事故中，奥托·李林塔尔不幸遇难。

现在，滑翔机已经有了，要想飞起来，缺的就只是一个引擎了。

1804 年……

从1804年凯莱的滑翔机模型（上图）到1853年凯莱人生的最后一架滑翔机（右图），差不多相距50年。它们跟我们现在的飞机一样，都拥有固定的机翼和可移动的尾翼。

……大概 50 年后

1853 年，乔治·凯莱的滑翔机

航空大事记
1893年
奥托·李林塔尔滑翔成功

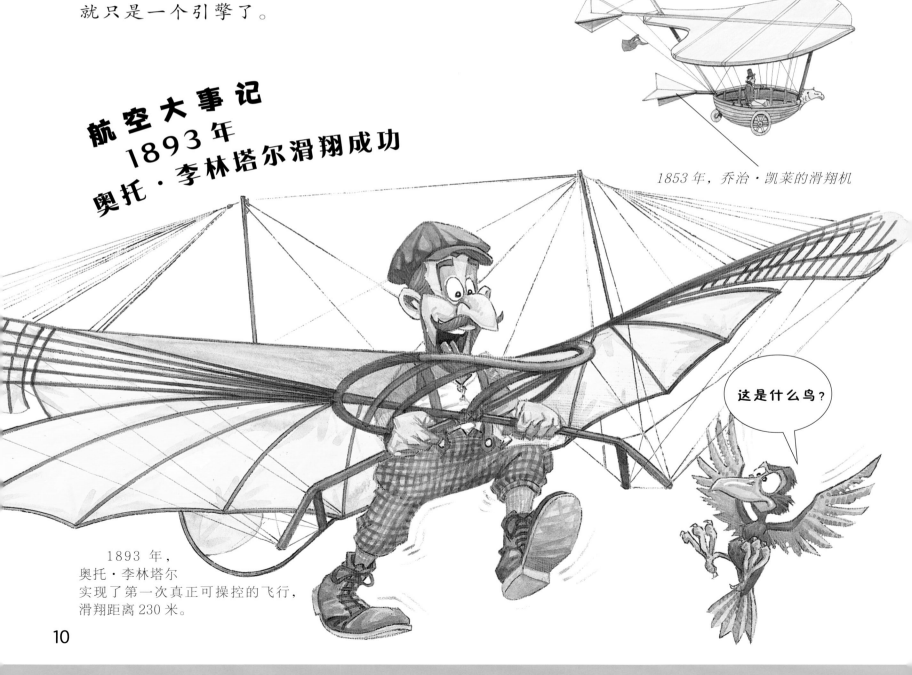

1893 年，
奥托·李林塔尔
实现了第一次真正可操控的飞行，
滑翔距离230米。

这是什么鸟？

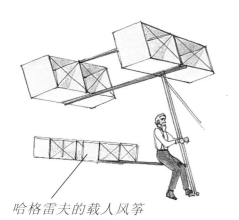

哈格雷夫的载人风筝

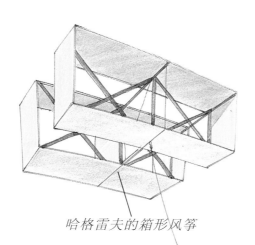

哈格雷夫的箱形风筝

奥克塔夫·沙尼特

载人风筝

在 19 世纪 90 年代，澳大利亚的劳伦斯·哈格雷夫研制出载人风筝（上图）。这种风筝有像盒子一样的两翼，飞得很平稳。他发现，如果两翼的表面弯曲的话，会更适合飞行。这种机翼的形状使载人风筝发挥了最大载重效用。

箱形风筝

1893 年，劳伦斯·哈格雷夫设计出了箱形风筝（上图）。第二年，在他的不懈努力下，箱形风筝把他带到了离地面 5 米的高度。

会飞的作家

奥克塔夫·沙尼特，美国风筝业的领导者。他不仅亲自试验他的产品（上图），还写了一本书来描述这项工作。

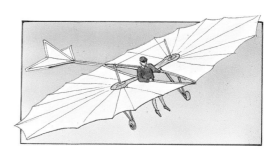

苏格兰滑翔机

苏格兰工程师珀西·皮尔彻发明了一批非常成功的悬挂式滑翔机，其中包括著名的"鹰式"滑翔机（上图）。但不幸的是，1899 年，珀西·皮尔彻在一次飞行事故中遇难。

军用风筝

美国的塞缪尔·弗兰克林·科迪认识到：载人风筝如果应用于军事，将会大有作为。于是，1904 年他自行研发出了另一种类型的箱形风筝（右图）。他在箱形风筝的下面挂了一个吊篮，供那些带着枪支、相机、望远镜和电话的乘客乘坐。

塞缪尔·弗兰克林·科迪的载人风筝

像鸟一样……

威尔伯·莱特和奥维尔·莱特兄弟俩在他们的家乡美国代顿致力于人类的飞行事业。威尔伯·莱特发现，鸟在空中滑翔时，会不断扭转翅膀末端羽毛的角度来控制它们飞行的方向和速度。他试着把他的观察结果应用到滑翔机上。1902 年和 1903 年，两兄弟驾驶着他们的滑翔机，进行过几百次的飞行试验，最终成功地飞上蓝天。

莱特兄弟的一次飞行试验

真的飞起来了？

1712年，一个名叫托马斯·纽科门的英国工程师发明了世界上第一台实用蒸汽机。1825年，世界上第一条铁路——"斯托克顿—达灵顿"开通，火车是用乔治·斯蒂芬孙发明的蒸汽机车牵引的。对越轻越好的滑翔机来说，这些早期发动机实在太沉了。设计师们虽然明知如此，却无能为力，因为蒸汽是当时人类能利用的最好的动力能源啦，他们只能用它来做飞行试验。

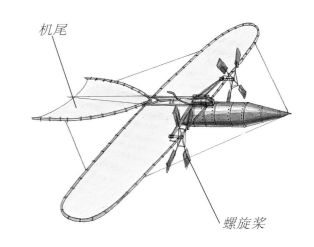

飞机模型

看，这个飞机模型在多次飞行试验中都用到了。

1879年，法国发明家维克多·他汀用压缩空气给飞机提供动力。

航空大事记 1903年
塞缪尔·兰利的"机场号"试飞失败

发射

1896年，塞缪尔·兰利的蒸汽动力飞机模型飞了将近1000米。后来，塞缪尔·兰利改进了"机场号"飞行器，这是第一架配备汽油发动机的全尺寸飞机。

一切准备就绪！1903年，在美国波托马克河的一艘游艇上，兰利利用弹射器发射了这架飞机。可是它真的太重了！最终"机场号"不幸坠毁。

兰利难以承受失败后媒体无情的嘲笑，最终放弃了自己的飞行梦想。

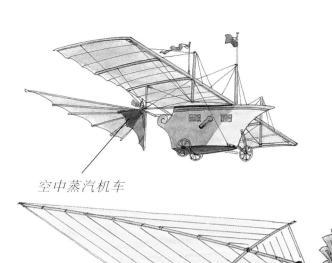

空中蒸汽机车

太重了，飞不起来啦！

1843年威廉·塞缪尔·亨森设计的空中蒸汽机车（左图），是个超前发明！可惜的是，由于发动机太重，这部空中蒸汽机车没有成功飞起。

橡皮筋动力飞机

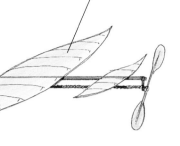

坦普尔的蒸汽动力飞机

橡皮筋动力

1871年，阿尔方斯·佩诺制造了依靠橡皮筋动力驱动的飞机模型（上图）。

蒸汽动力飞机

1874年，费利克斯·杜·坦普尔的蒸汽动力飞机（上图）在一个大斜坡上快速地滑行了一段后，升空了，但它在空中仅仅停留了几秒钟。不过，这也算是幸运的，因为坦普尔没法儿在空中控制它，不然它岂不是飞得越高，摔得越惨？

他们真的飞起来了吗？

1884年，俄罗斯的亚历山大·莫扎伊斯基测试了他的蒸汽动力飞机（下图），它也是在斜坡上向下滑行了一段距离后才"飞"起来的。

在所有这些飞行先驱中，法国工程师克莱门特·阿德尔才是最接近真正飞行的，他的"风神"飞行器（右图），有着蝙蝠翅膀似的机翼。1890年，阿德尔利用非常轻的蒸汽机让"风神"在空中飞了50米。不过，当时的"风神"距离地面只有20厘米高。

"风神"

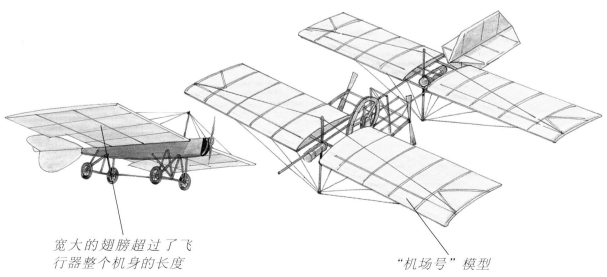

宽大的翅膀超过了飞行器整个机身的长度

"机场号"模型

你还记得设计并制造了"机场号"的兰利吧？他在制造全尺寸的"机场号"之前，先做了1/4大的模型（左图）。在飞行测试中，飞机模型没有出现任何问题，兰利才信心百倍地投入了研究。令人难过的是，"机场号"的真机试飞却以失败告终。

飞起来了！

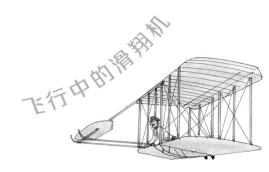

飞行中的滑翔机

1903年12月17日，一对儿靠制造自行车养家糊口的美国兄弟最终向世界证明——人类是可以飞起来的！自从兰利教授的"机场号"试飞失败以后，大家觉得飞行简直是天方夜谭。但莱特兄弟的"飞行者号"成功地飞了起来。在此之前，所有人，包括兰利教授，全都把注意力集中在如何让飞机飞起来上，并没有想到飞机一旦升空后该怎么做。

莱特兄弟开滑翔机（上图）的经历帮助他们成功地制造了一架飞机。

1903年12月17日，莱特兄弟的"飞行者号"在美国北卡罗来纳州的基蒂霍克成功升空。飞机在12秒内飞出了约36米远，并达到3米的高度。

在起飞前，"飞行者号"沿着发射轨道滑行，它由两个后置螺旋桨驱动前进，并且通过扭转主机翼和调整尾舵来控制前进方向。

就这样，人类迎来了现代飞行时代。

航空大事记
人类首航！
1903年12月17日
莱特兄弟试飞成功

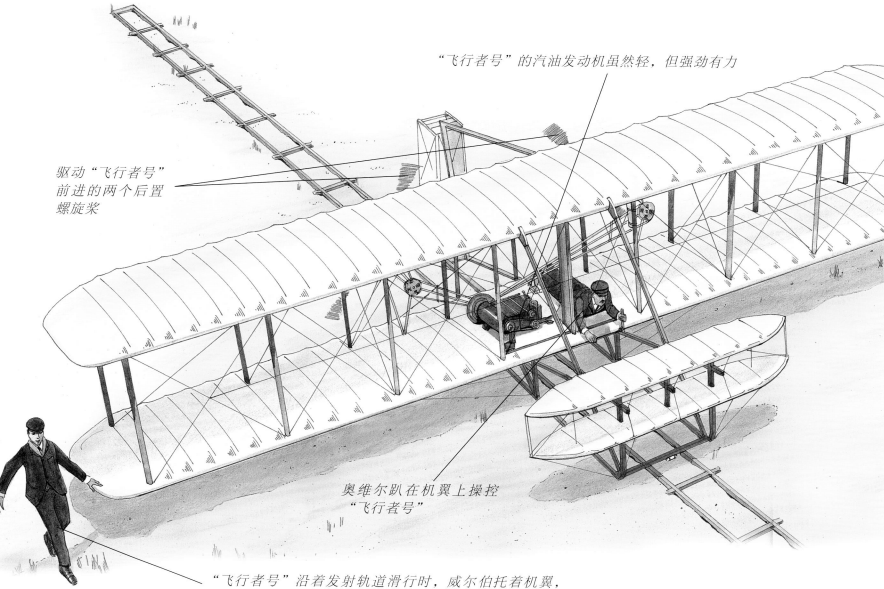

"飞行者号"的汽油发动机虽然轻，但强劲有力

驱动"飞行者号"前进的两个后置螺旋桨

奥维尔趴在机翼上操控"飞行者号"

"飞行者号"沿着发射轨道滑行时，威尔伯托着机翼，使它保持平衡

风洞试验

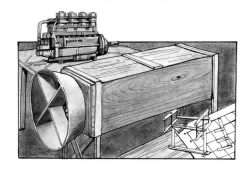

莱特兄弟建了一个风洞来测试不同的机翼形状。他们设计了一款轻型汽油发动机，发现在发动机比螺旋桨运转还快时，发动机的工作效率能得到最大发挥。

莱特兄弟

奥维尔·莱特　　威尔伯·莱特

小时候，父亲送给莱特兄弟一个玩具飞陀螺，这激发了两兄弟对飞行的兴趣。

"飞行者号"成功飞行后他们并没有骄傲，而是继续改进飞机，直到威尔伯在1912年因伤寒离世。奥维尔于1948年去世，他目睹了飞机在第二次世界大战中扮演重要角色的历史时刻。

荣誉

为表彰莱特兄弟对人类航空事业做出的杰出贡献，他们的故乡——俄亥俄州政府为他们颁发了荣誉奖章（上图）。

航空先驱者

莱特兄弟成功后，各式各样的飞机如雨后春笋般被制造出来，有些飞机是其中的佼佼者。1909年，就是"飞行者号"成功飞行约36米的6年后，路易·布莱里奥从法国的加莱小镇起飞，飞越英吉利海峡，降落在41千米之外的英国。布莱里奥的成功被呈现在各式各样的奖牌和商品上，甚至是烟盒上（左上图）。

布莱里奥的飞机离海面实在太近了，几乎不超过1米，幸好当时海面风平浪静。

下图是依据布莱里奥成功飞越英吉利海峡驾驶的飞机制作的一架锡制玩具飞机。

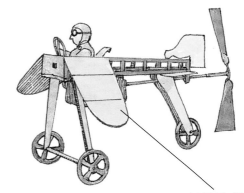

玩具飞机

航空大事记
1909年7月25日
布莱里奥飞越英吉利海峡

这对法国来说，是第一次啊！

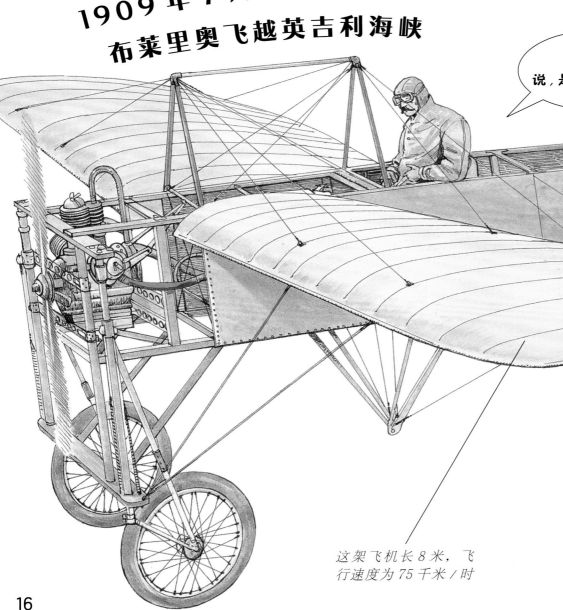

这架飞机长8米，飞行速度为75千米/时

一家报社对第一个驾驶飞机飞过英吉利海峡的人给予1000英镑的奖励。在1909年，这可是一笔巨款啊！尽管布莱里奥在飞行中有时会看不见陆地，有时还会偏离航向，但最终他还是赢得了奖金。那几天恰好下雨，这对布莱里奥来说真是幸运的事。因为雨水正好帮他冷却了发动机，否则发动机很容易因为过热而发生危险。

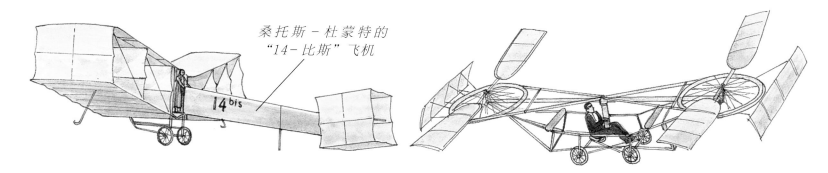

桑托斯－杜蒙特的
"14-比斯"飞机

欧洲的首飞！

1906 年，巴西的百万富翁阿尔贝托·桑托斯－杜蒙特正式成为在欧洲飞行的第一人，并且赢得了"杜特生－阿芝迪肯"奖。

自己动手做的飞机！

1907 年，桑托斯－杜蒙特自己设计并制作了"少女号"飞机（下图）。这是第一架"手工"飞机。

早期的直升机！

除了飞机，工程师们还在继续尝试设计直升机。上图这架双旋翼直升机是由保罗·科尔尼研制的，1907 年，他成功地进行了短途飞行，却因为无法支付高昂的费用而不得不放弃改进它。

"少女号"

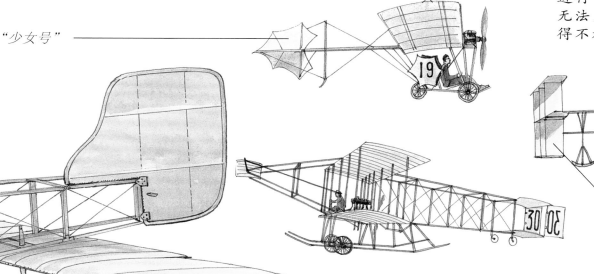

为了省钱，阿芙罗公司的罗伊设计了用牛皮纸做外壳的飞机

1908 年，一架来自伏瓦辛兄弟飞机制造厂（世界上第一个飞机制造厂）的双翼飞机（上图），成功飞行了1000 多米，这为他们赢得了5 万法郎的奖金！

牛皮纸飞机！

1909 年，艾伯特·弗登·罗伊的飞机（上图）有 3 对儿机翼，成为第一架试飞成功的英国飞机。

"六月甲虫号"

双旋翼机

伊戈尔·西科尔斯基在 1909 年设计的直升机（左图）有两个旋翼，它们朝相反方向转动，防止直升机在飞行时倾斜。

1908 年，格伦·哈温德·寇蒂斯的"六月甲虫号"（上图）飞行了将近 1.6 千米。这为在此基础上设计制造的"金鸟号"飞机开辟了道路。1909 年，"金鸟号"飞机在法国兰斯试飞。

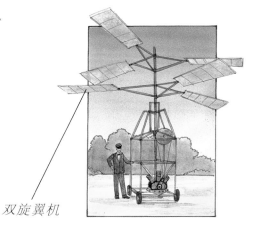

双旋翼机

越来越多的飞机

　　莱特兄弟的"飞行者号"的成功激起了人们对航空飞行的巨大兴趣，特别是在欧洲掀起了航空热潮。"飞行者号"用的是后置螺旋桨，但是欧洲的飞行员们更喜欢前置螺旋桨。欧洲的发动机制造行业较发达，他们的飞机发动机性能也较为先进。1909年8月，飞行员们齐聚法国兰斯，参加首届航空展。参展的38架飞机中许多都飞出了4.8千米甚至更远的距离！而就在6年前，"飞行者号"36米的飞行距离还被视作航空史上的巨大成就！

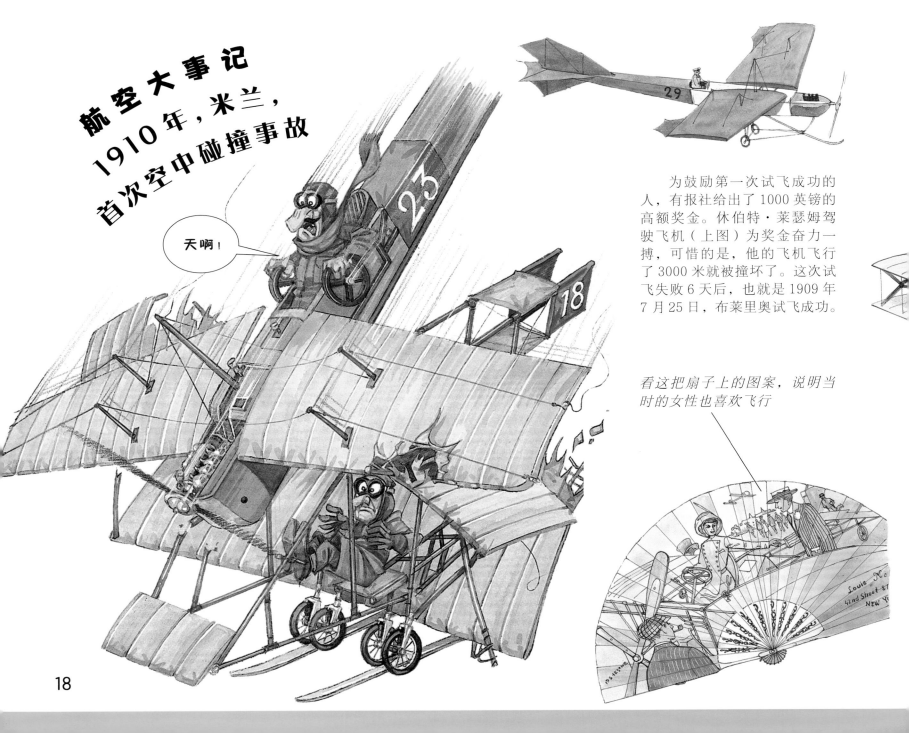

航空大事记
1910年，米兰，首次空中碰撞事故

天啊！

　　为鼓励第一次试飞成功的人，有报社给出了1000英镑的高额奖金。休伯特·莱瑟姆驾驶飞机（上图）为奖金奋力一搏，可惜的是，他的飞机飞行了3000米就被撞坏了。这次试飞失败6天后，也就是1909年7月25日，布莱里奥试飞成功。

看这把扇子上的图案，说明当时的女性也喜欢飞行

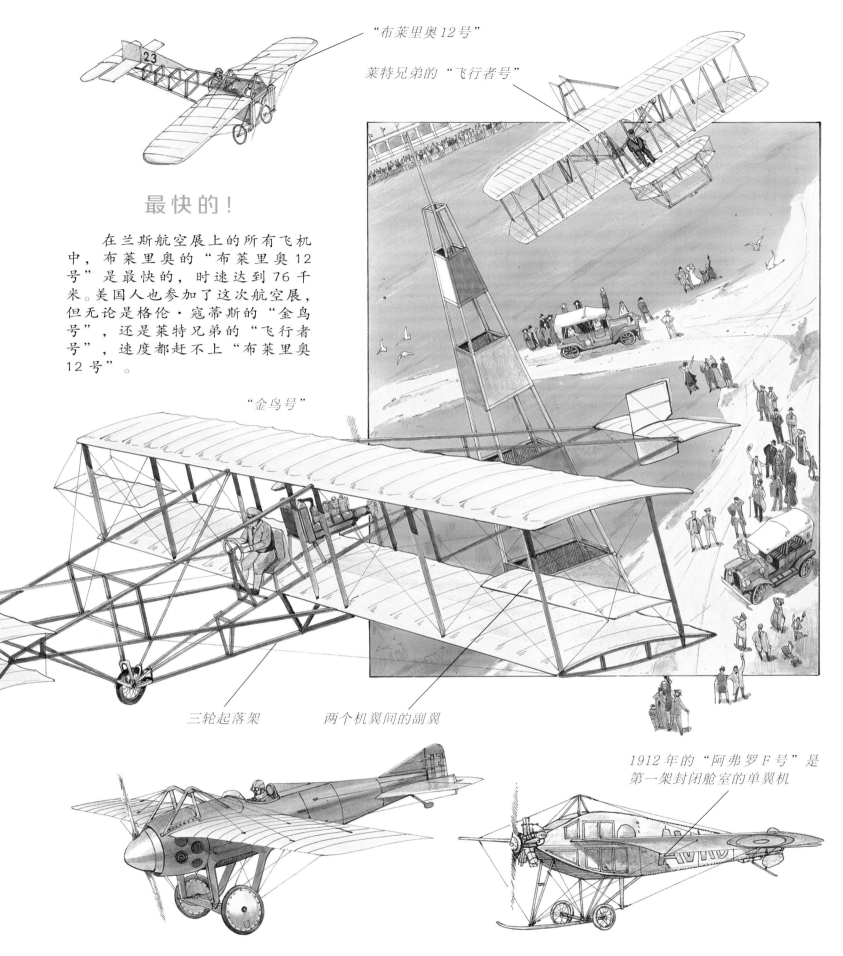

"布莱里奥12号"

莱特兄弟的"飞行者号"

最快的！

在兰斯航空展上的所有飞机中，布莱里奥的"布莱里奥12号"是最快的，时速达到76千米。美国人也参加了这次航空展，但无论是格伦·寇蒂斯的"金鸟号"，还是莱特兄弟的"飞行者号"，速度都赶不上"布莱里奥12号"。

"金鸟号"

三轮起落架   两个机翼间的副翼

1912 年的"阿弗罗 F 号"是第一架封闭舱室的单翼机

1913 年，路易·贝什罗为了参加比赛而制造的飞机"德佩迪桑号"（上图左），是第一架有硬壳式机身的飞机。这意味着支撑飞机的框架是封闭的，飞机变得更加坚固了。

轰炸机呼啸

1914 年 7 月, 第一次世界大战爆发, 军事指挥官们敏锐地意识到可以利用飞机来搜集情报。4 年后战争结束时, 飞机已经成为必不可少的作战武器。很多国家都认识到他们需要组建一个高效能的新军种: 空军。

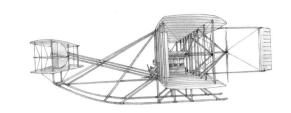

1909 年, 莱特兄弟研制了双座军用飞机 (上图), 由此可以窥见飞机是如何发挥军事作用的。第二个座位是专门为侦察员或枪手设计的。

航空大事记
1910 年
轰炸机诞生

鸽子的翅膀

1910 年, 奥地利人伊格·埃特里希设计出鸽式单翼机 (上图)。近乎半透明的机翼使它从地面上很难被发现, 但缺点是飞行速度慢, 又难以操控。所以, 它很快就被更快、更完善的飞机取代了。

解放双手

鸽式单翼机鸟一样的外形使它看起来不太时髦, 但它是一种稳定性极强的飞机, 飞行员可以把手从控制器上拿开, 进行投掷炸弹和手榴弹的操作。这使它成为世界上第一架轰炸机。1911 年, 鸽式轰炸机在利比亚首次投入使用。具有讽刺意味的是, 鸽子长久以来一直是和平的象征。

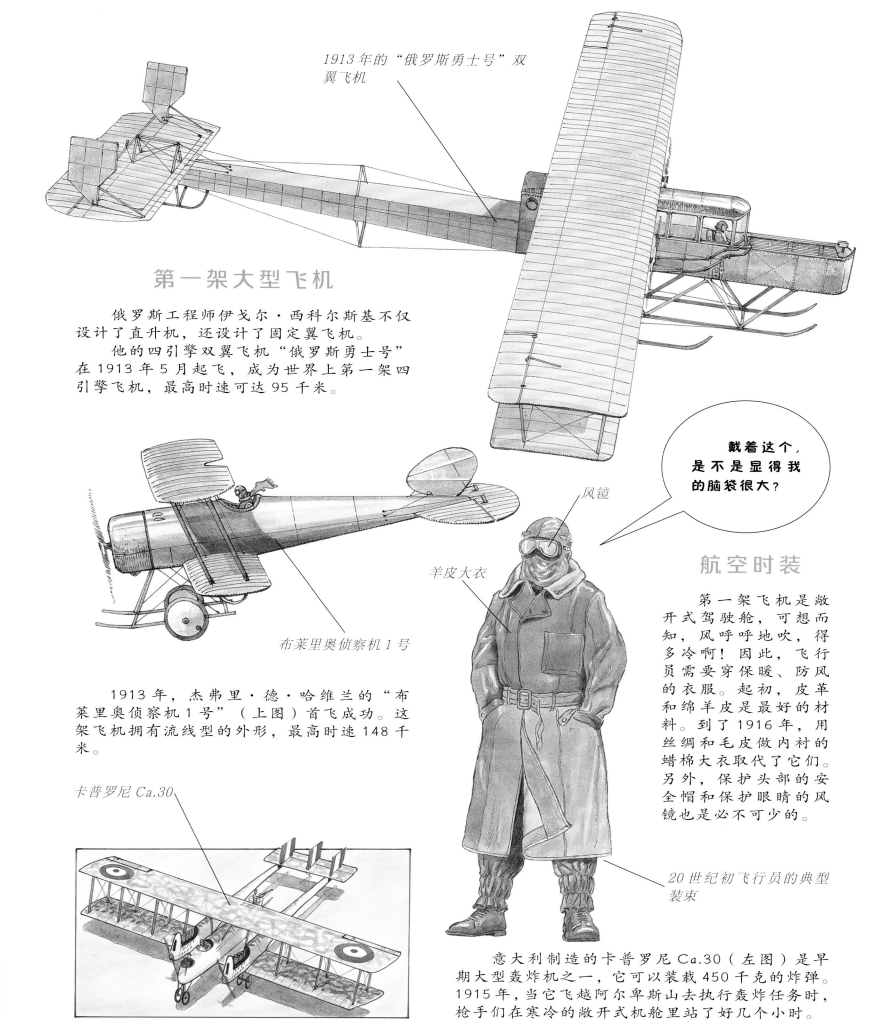

1913 年的"俄罗斯勇士号"双翼飞机

第一架大型飞机

俄罗斯工程师伊戈尔·西科尔斯基不仅设计了直升机，还设计了固定翼飞机。

他的四引擎双翼飞机"俄罗斯勇士号"在 1913 年 5 月起飞，成为世界上第一架四引擎飞机，最高时速可达 95 千米。

布莱里奥侦察机 1 号

1913 年，杰弗里·德·哈维兰的"布莱里奥侦察机 1 号"（上图）首飞成功。这架飞机拥有流线型的外形，最高时速 148 千米。

卡普罗尼 Ca.30

风镜

羊皮大衣

戴着这个，是不是显得我的脑袋很大？

航空时装

第一架飞机是敞开式驾驶舱，可想而知，风呼呼地吹，得多冷啊！因此，飞行员需要穿保暖、防风的衣服。起初，皮革和绵羊皮是最好的材料。到了 1916 年，用丝绸和毛皮做内衬的蜡棉大衣取代了它们。另外，保护头部的安全帽和保护眼睛的风镜也是必不可少的。

20 世纪初飞行员的典型装束

意大利制造的卡普罗尼 Ca.30（左图）是早期大型轰炸机之一，它可以装载 450 千克的炸弹。1915 年，当它飞越阿尔卑斯山去执行轰炸任务时，枪手们在寒冷的敞开式机舱里站了好几个小时。

空战时代来临

随着战争的持续，空中较量变得越来越重要。最初，飞行员只配备了左轮手枪，后来是步枪。在双座战斗机诞生后，第二个座位上又配备了机枪，飞行员可以竭尽全力地击落尽可能多的敌机。德国的曼弗雷德·冯·里希特霍芬击落的敌机最多，他在战死前的 18 个月内足足击落了 80 架战机。不过，大多数飞行员仅仅在空中飞行了几个小时就被击落了。

福克单翼机（上图左）是世界上第一种真正的战斗机。英国 B.E.2 战斗机（上图右）则主要被用来侦察和监测。

里希特霍芬驾驶的福克三翼战斗机被漆成了红色，因为他是一位名副其实的男爵，所以他的绰号为"红男爵"。与其他战斗机飞行员一样，他会先飞到敌机上空，然后俯冲下去。他的飞行中队被称为"飞行马戏团"。1918 年 4 月 21 日，他在空战中阵亡。

航空大事记
1918 年 4 月
"红男爵"阵亡

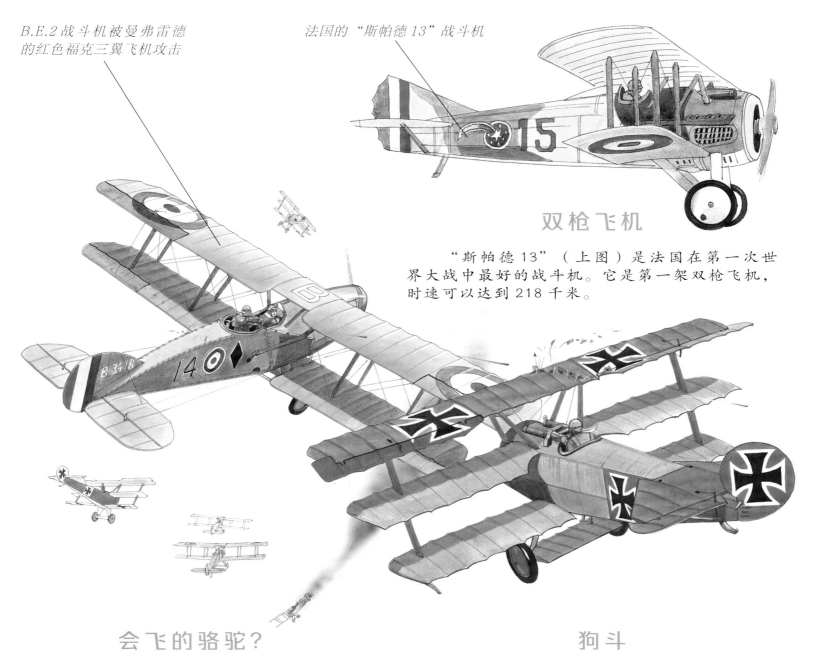

B.E.2战斗机被曼弗雷德
的红色福克三翼飞机攻击

法国的"斯帕德13"战斗机

双枪飞机

"斯帕德13"（上图）是法国在第一次世界大战中最好的战斗机。它是第一架双枪飞机，时速可以达到218千米。

会飞的骆驼？

第一次世界大战后期，索普维斯公司的"骆驼"战斗机（下图）崭露头角。作为英国最好的战斗机之一，"骆驼"击毁了1294架敌机，包括1918年里希特霍芬和他的福克战斗机。

狗斗

两架敌对战斗机在空中进行近距离格斗的时候，都试图进入对方的尾部区域，以瞄准射击。这个过程看起来很像两条狗在互相追逐对方的尾巴，所以空中近距离格斗又叫"狗斗"。艾伯特·鲍尔是当时英国最成功的战斗机飞行员之一，他至少击落了43架敌机。

索普维斯"骆驼"战斗机

伪装

第一次世界大战即将结束时，德国人研制出了信天翁D型双翼机（右上图）。这一型号的战斗机性能很稳定，但当时英国已经生产出了更为敏捷的飞机。信天翁D型双翼机的黑白条纹图案是战斗机的一种伪装，让人很难看清飞机的外形。

飞得越来越远

查尔斯·林德伯格

1919 年，两位英国飞行员约翰·阿尔科克和阿瑟·惠顿－布朗成功完成了第一次跨大西洋不着陆飞行。他们在 6 月 14 日离开加拿大纽芬兰，16 小时 27 分钟后在爱尔兰降落。仅仅在 10 年前，人们还不确定人类是否可以飞越 37 千米的英吉利海峡。这次成功，极大地鼓舞了人们，越来越多的人想尝试长途飞行。

航空大事记
1927 年 5 月
查尔斯·林德伯格飞越大西洋

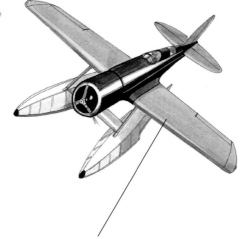

洛克希德"天狼星号"飞机

第一次横跨大西洋的飞行

1927 年，美国的查尔斯·林德伯格（左上角图）首次成功地完成了横跨大西洋中途不着陆的单人飞行。在 2.5 万美元奖金的激励下，他在 5 月 20 日离开纽约，33 小时 30 分钟后在巴黎着陆。他以平均 173 千米的时速一共飞行了 5819 千米。

1931 年，林德伯格在成功横渡大西洋后，又开拓了飞越北太平洋的航线。他和他的妻子安妮驾驶着洛克希德"天狼星号"（上图），途经阿拉斯加、西伯利亚、千岛群岛，一路飞到了中国。

当林德伯格的飞机"圣路易斯精神号"到达巴黎时，引起了巨大的轰动。一夜之间，他成了世界上最有名的人！这架飞机是根据他在密苏里州圣路易斯的支持者来命名的，他的支持者帮助他筹集了研制飞机以及长途飞行所需的资金。

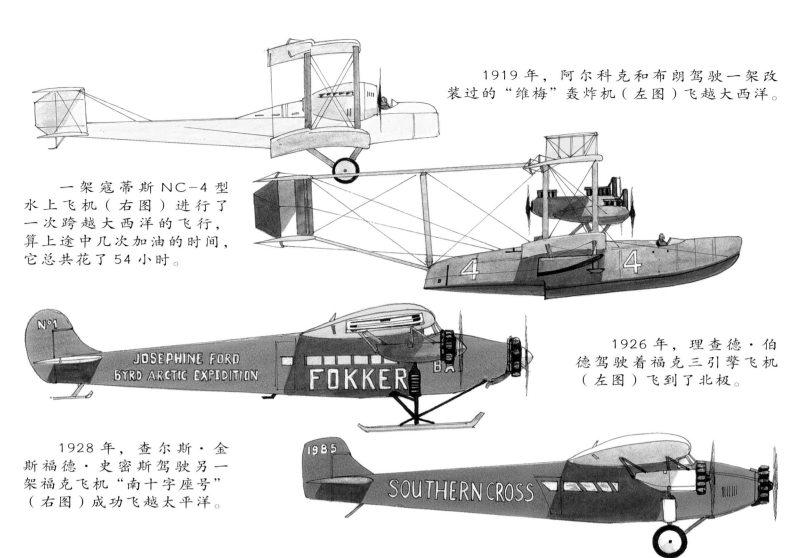

1919 年，阿尔科克和布朗驾驶一架改装过的"维梅"轰炸机（左图）飞越大西洋。

一架寇蒂斯 NC-4 型水上飞机（右图）进行了一次跨越大西洋的飞行，算上途中几次加油的时间，它总共花了 54 小时。

1926 年，理查德·伯德驾驶着福克三引擎飞机（左图）飞到了北极。

1928 年，查尔斯·金斯福德·史密斯驾驶另一架福克飞机"南十字座号"（右图）成功飞越太平洋。

不可思议的艾米！

女性也创造了长途飞行的纪录。1930 年，女飞行员艾米·约翰逊（左图）单人驾机从伦敦飞到了澳大利亚。她驾驶着"吉甫赛蛾式"飞机，用了 19 天半的时间到达澳大利亚。其中从英国到印度花了 6 天时间，创下世界纪录。1932 年，她创下了驾机从英国到南非最快的单人飞行纪录。1941 年，她因飞机坠入泰晤士河而离世。

1933 年 7 月，威利·波斯特驾驶着他的洛克希德"织女星"飞机——"温妮·梅号"（上图）进行了首次单人环球飞行，在 7 天 18 小时 49 分钟内共飞行了 25090 千米。

1934 年，澳大利亚墨尔本市举办了一次从英国到澳大利亚的空中竞赛。格罗夫纳·豪斯驾驶特制的双引擎"DH88 彗星"飞机（上图）以 71 小时的用时获胜。

"船"都上天了

在1910年和1914年之间,齐柏林用这样的飞艇在德国开展定期的客运服务。

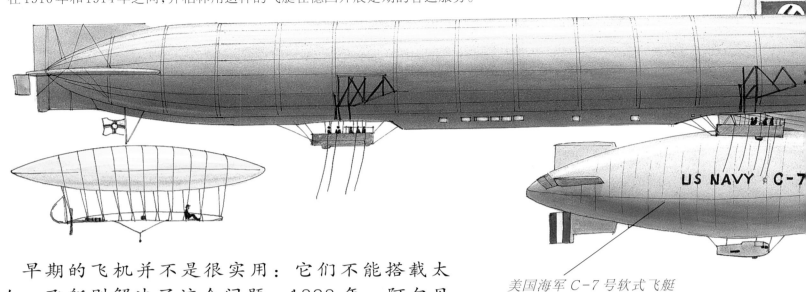

早期的飞机并不是很实用:它们不能搭载太多人。飞艇则解决了这个问题。1898年,阿尔贝托·桑托斯-杜蒙特制造了一艘由汽油发动机驱动的软式飞艇(上图)。它飞得还不错,但是长时间的飞行会令它悬在空中的气囊变形,从而变得不易操控。所以说,硬质的艇身才会让飞艇的飞行更稳定。

美国海军 C-7 号软式飞艇

英国 R101 飞艇

英国人对飞艇的兴趣越来越浓厚。不过这一切在1930年R101飞艇发生事故后烟消云散。这一次事故导致飞艇上的54个人中只有6人生还。

"兴登堡号"空难

1900年,斐迪南·齐柏林伯爵开始在德国制造硬式飞艇。不久,德国各个城市间的飞艇飞行服务受到热烈欢迎(顶图)。在第一次世界大战中,飞艇被用于侦察和搜寻敌船。战后,航空公司开办往来于欧洲和美国的飞艇客运服务,一次航程大概需要3天时间。1937年,"兴登堡号"飞艇准备在美国新泽西着陆时,突然起火,艇上97人中有35人不幸遇难。飞艇时代在那天结束了。

漫画科技史·从风筝到飞船

MANHUA KEJI SHI CONG FENGZHENG DAO FEICHUAN

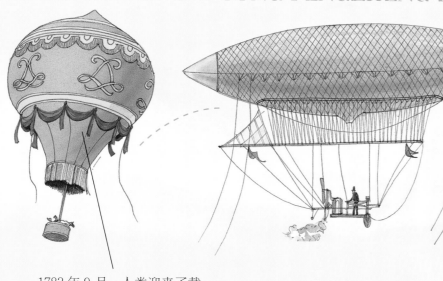

1874 年，费利克斯·杜·坦普尔的蒸汽动力飞机滑行了一段距离后升空了，但它在空中仅仅停留了几秒钟。

1852 年，法国工程师亨利·吉法尔制造的流线型飞艇载着他从巴黎飞到了特拉普，飞行距离 27 千米。

1783 年 9 月，人类迎来了载"人"热气球的第一次飞行。

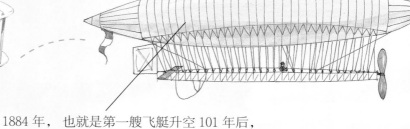

1884 年，也就是第一艘飞艇升空 101 年后，"法兰西号"飞艇腾空飞起，它依靠电力驱动，时速高达 22 千米。

1903 年 12 月 17 日，莱特兄弟的"飞行者号"飞机成功升空，飞出了 36 米远，并达到 3 米的高度。

1909 年 7 月，路易·布莱里奥驾驶着飞机从法国起飞，飞越英吉利海峡，降落在英国。

1907 年，保罗·科尔尼研制的直升机，成功地进行了短途飞行。

1908 年，一架来自伏瓦辛兄弟飞机制造厂的双翼飞机，成功飞行了 1000 多米。

18 世纪，波义耳和马略特等人通过研究发现，热空气体积大、质量小，可以上升，加上纺织工业的发展，为热气球的诞生创造了条件。

热气球试飞成功后，人类开始使用氢气制造气球，而后氢气球发展成了自带动力的飞艇。所以将氢气收集起来并加以研究的卡文迪许对人类飞行也是有一定贡献的。

飞机上的排泄物会从天而降吗?

现在飞机采用的都是真空马桶排放系统。马桶内的排泄物会被真空产生的高压气流送到飞机腹部的存储箱内,通过具有除臭作用和分解作用的化学物质进行处理。存储箱的开关阀门位于机身的外部,飞机着陆后,地勤人员会将存储箱内的排泄物转移到处理车上。因此,飞机上的排泄物不会从天而降。

为什么试飞员故意制造"事故"?

飞机试飞是为了检测新飞机是否符合设计标准,或者检测改进后的飞机是否改进成功。对于飞行员的操纵,飞机不能过于敏感,也不能过于迟钝。试飞员为了检测飞机的操纵性,常常会做出一些非常规性的操作,甚至故意制造"事故",比如进行尾旋、失速、急转弯操纵等,从中摸索飞机存在的问题,以便制造人员更好地改进飞机。

背着"背包"能上天吗?

这里的"背包"指能够把人带上天的背包式个人飞行器。目前,瑞士人伊夫·罗西研制的火箭动力翼"背包"和新西兰人格伦·马丁研制的喷气式"背包"都比较有名。前者的整套装置重55千克,最大飞行时速为300千米,安全高度为800米,用降落伞着陆。后者的整套装置重约115千克,最大飞行时速为101千米,最高飞行高度为2400米。

为什么降落伞不会"迷路"?

降落伞之所以不会"迷路",是因为伞衣在完全张开并稳定下落一段时间后,下降速率为定值,在无风且系统稳定性较好的情况下,能计算出空投人员和货物的降落点。训练有素的运动员和伞兵能操纵翼伞飞越危险区,躲避障碍,精确地降落。目前,降落伞利用GPS卫星定位,着陆精度可达100米左右。

火箭燃料为何被装在"暖水瓶"里?

火箭的主要燃料是液氢。为了存储大量液氢,供火箭发射,英国物理学家杜瓦按照装开水的暖水瓶的原理,发明了存储液氢的"杜瓦瓶"。液氢密度高,体积小,可以通过加压的方式灌至特制的深冷杜瓦瓶中。这种存储液氢的方法目前只能运用于存储火箭的燃料。

运载火箭的"肢体器官"有哪些?

运载火箭的结构系统、动力装置系统、控制系统,分别如同人的躯干、心脏、大脑,为运载火箭提供生命活力。另外,相关人员还根据运载火箭的工作需要,为运载火箭安装了各种分系统。例如,像眼睛一样,确保运载火箭能准确瞄准目标,按预定方向飞行的瞄准系统;当火箭出现故障不能继续安全飞行时,命令火箭在空中炸毁的安全系统等。

火箭为什么害怕振动?

据统计,运载火箭和航天器出现故障的原因,50%以上缘于振动。航天器的振动原因比较复杂,一般认为主要来自于发机工作产生的振动,以及噪声和冲击。在这些振动中,频率高的会影响运载火箭或火箭上载荷的稳定性和精度,频率低的会造成运载火箭的主体结构性能下降甚至破坏。

太空垃圾会掉下来砸到我们吗?

太空垃圾是指空间碎片,包括被遗弃的航天器、运载火箭箭体、操作性碎片、爆炸解体碎片等。即使是大的空间碎片,也不会对人类造成威胁。如果它们坠向地球,进入大气层时,高速摩擦产生的高温,会将它燃烧干净。即使有较大的空间碎片穿透了大气层,对地球造成威胁,人类也能预测它的轨道,并进行拦截。

在太空中,肚子里的食物会漂浮起来吗?

在太空中,虽然人处于失重状态,但这对人的消化并没有太大影响,食物被吞咽后,进入航天员的肠胃,依靠肠胃蠕动,被正常消化掉,不会漂浮起来。

航天员在太空中吃什么?

航天员在太空中吃的是重量轻、体积小、低残渣、零风险的航天食品,包含饼干、牛肉、月饼、巧克力等。这些食品被封在袋子里。有的航天食品还被加工成一口大小。现在,航天员也可以使用食品加热装置对食品进行加热。

航天员在太空中如何上厕所?

为了避免排泄物在天上飘浮,包含很多高科技的"太空马桶"诞生了。太空马桶有着神奇的气流功能,它可以将所有的排泄物通通都吸进其内部,然后再储存起来。

在太空中通过看手表区分昼夜吗?

飞船在太空中每天绕地球飞行16圈,飞船里的人能看到16次日出。但是航天员在太空中的作息时间还是按照地面上的时间实行。有时午休了,舷窗外却是星光点点;有时晚上休息了,舷窗外依然阳光灿烂。

直升机和飞机不是一个家族的?

飞机有两个最基本的特征:一是飞机自身的密度比空气密度大,它由发动机驱动飞行。二是飞机通过固定的机翼提供的升力在空中飞行。不具备这两个特征,就不能称之为飞机。而直升机没有固定的机翼,只有像大风扇一样快速旋转的旋翼,靠旋翼扰动空气提供升力飞行。因此,直升机和飞机不是一个家族的,把直升机叫作"直升飞机"就显得外行了。

为什么飞机能够自动飞行?

现代飞机一般都装有自动驾驶系统。自动驾驶仪通过陀螺仪和加速度计等感知飞机的飞行状态,哪怕飞机有一点儿状态上的改变,都能察觉出来。自动驾驶仪利用计算机产生的精确信号,自动控制飞机准确飞行,而飞机航线由卫星定位系统校正,无需人工干预。不过,由于计算机的应变能力不及人类,有时飞机还得需要人工操作。

为什么飞机安全带是横着系的?

飞机遇到乱流时,会有一些摇晃,横着的安全带可以起到固定的作用,而汽车的肩式安全带需要座椅间距加宽,这对于飞机的设计是不合理的。此外,当飞机需要紧急迫降时,乘客最好的自我保护方式是将身体前倾,尽可能用双手抱住双腿,倘若用汽车的肩式安全带,则不利于做出此动作。

为什么飞机的舷窗是圆形的?

飞机在高空飞行时所承受的内外压力不同,内外压力差会使机舱稍微膨胀变形。物体在外力的作用下发生变形时,其内部截面的单位面积上相互作用的力叫应力。事实证明,将飞机的舷窗设计成圆形,就能够使舷窗所受的压力均匀地分散到圆形曲线的每个点上,保证舷窗受力均衡,将金属疲劳的风险降到最低。

为什么火箭不怕热?

火箭在高速穿越大气层时,其外壳与大气摩擦,会产生高温,其头部的温度可达上千摄氏度。火箭能顺利冲出大气层和完成飞行任务,它的外壳上的保护层功不可没。这层保护层是耐烧蚀的隔热涂料,既耐高温,又有良好的隔热性能。当火箭在大气中高速飞行时,保护层中的升华物质会因为受热而挥发,带走部分热量,保护层中的耐高温的有机树脂会形成微孔碳化层,把外界的大部分热量与火箭外壳隔开。

太空垃圾能把卫星撞残吗?

太空垃圾会造成可怕的事故。比如,1983年,"挑战者号"航天飞机与一块直径为0.2毫米的涂料碎片相撞,飞机因为舷窗损坏,只好提前返回地球。再比如,1986年,"阿丽亚娜号"火箭进入轨道后爆炸,形成500多块10厘米大小的残骸和2000多块细小的碎片。后来,这些"弹丸"使两颗日本卫星失灵。科学家指出,一块阿司匹林大小的太空垃圾完全能把卫星撞残。

为什么健身器到空间站"凑热闹"?

在太空中,航天员会失重,肌肉和骨骼缺少压力,因此肌肉会萎缩。航天员在太空中停留的时间越长,肌肉萎缩得越严重,肌肉的力量、耐力、紧张度和协调性都会下降。航天员运动能够减轻或避免因失重带来的不利影响,因此,跑步机和动感单车等健身设备便到空间站"凑热闹",帮助航天员减轻由失重产生的肌肉萎缩症状。

火箭发动机需要做"胃镜"检查?

火箭发动机是火箭的"心脏"。发动机总装时进行的导管挫修、打孔工序会产生多余的毛刺。这些多余物躲在发动机的复杂的导管里,像捣蛋鬼一样,干扰火箭成功发射。于是,工作人员在总装时会把内窥镜插进火箭发动机的导管里查找多余物。内窥镜检查与胃镜检查类似,软管的一端连接着摄像头,另一端连接着目镜或显示屏,使导管里的多余物一览无余。

航天员在太空中如何睡觉?

在太空中,航天员们有自己的睡眠区,只是里面没有床。睡觉时,他们把睡袋固定在睡眠区的舱壁上,然后钻到里面。为了防止无意中触及开关,他们睡觉时必须把双手束在胸前或放在睡袋中。

人在太空中会长高吗?

在太空中,因为没有重力的作用,椎骨对椎间盘的压力消失,椎骨之间的间距增大,人的脊柱就变长了,所以人的身高就会增加一些。但是人回到地球几天后,基本又会恢复原来的身高。

航天员在太空中如何喝水?

在失重环境下,装满水的杯子无论杯口朝向哪里,杯子里的水都不会流出来,所以在太空中不能用杯子喝水。航天员可以把水灌到水袋中,然后用吸管吸到嘴里。

航天员在太空中如何吃饭?

航天员在太空中吃饭,必须把脚固定在地板上,把身体固定在座椅上,以免飘动。而且吃饭时不能太着急,端碗要轻柔,如果动作太猛,饭菜就会从碗里飘走。饭菜夹住后,张嘴要快,闭嘴也要快,不然食物就会从嘴里飞出去。

1930 年，女飞行员艾米·约翰逊单人驾机从伦敦飞到了澳大利亚。

法国人亨利·法布尔研制了水上飞机后，水上飞机被广泛用于运输乘客和货物。此图是 1930 年科斯特和贝隆特飞越北大西洋时驾驶的"道尼尔－沃尔号"水上飞机。

1919 年，世界上第一架现代商用飞机容克 F–13 开始运载乘客和货物。

第一次世界大战后期，索普维斯公司的"骆驼"战斗机崭露头角，成为英国最好的战斗机之一。

1909 年 8 月，法国兰斯举办了首届航空展。这是参展的"金鸟号"。

1913 年 5 月，俄罗斯工程师伊戈尔·西科尔斯基的四引擎双翼飞机"俄罗斯勇士号"成为世界上第一架四引擎飞机，最高时速可达 95 千米。

乔治·凯莱通过研究中国竹蜻蜓、鸟类飞行，发现了空气从不同形状的翼面流过，会产生不同的压力，从而提出了通过固定机翼提供飞行升力的想法。

1862—1876 年，德国工程师奥托先后发明了两冲程和四冲程的压缩冲程内燃机。内燃机的出现为后来飞机的发明解决了动力的问题。

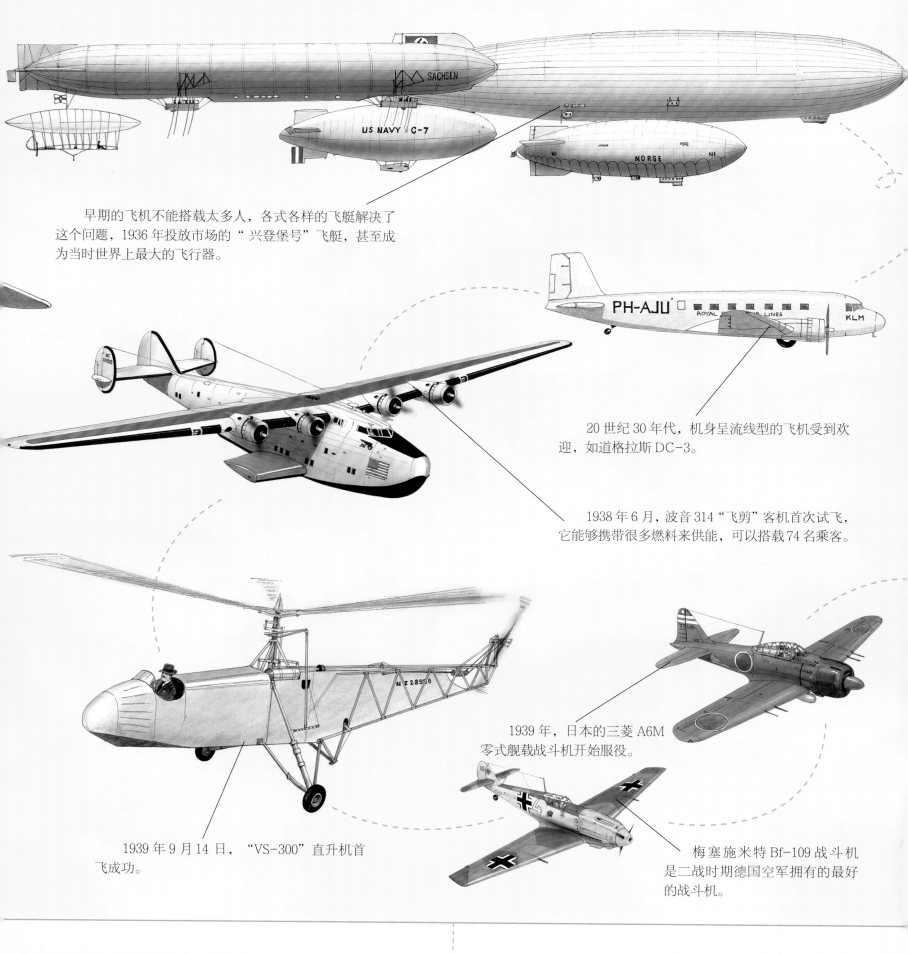

早期的飞机不能搭载太多人，各式各样的飞艇解决了这个问题，1936年投放市场的"兴登堡号"飞艇，甚至成为当时世界上最大的飞行器。

20世纪30年代，机身呈流线型的飞机受到欢迎，如道格拉斯DC-3。

1938年6月，波音314"飞剪"客机首次试飞，它能够携带很多燃料来供能，可以搭载74名乘客。

1939年，日本的三菱A6M零式舰载战斗机开始服役。

1939年9月14日，"VS-300"直升机首飞成功。

梅塞施米特Bf-109战斗机是二战时期德国空军拥有的最好的战斗机。

有了提供动力的内燃机，还需要能量来源，即石油。石油的发现比较早，但它最初被用于战争、取暖、照明，直到内燃机出现，才使其成为世界主要能量来源之一。

乔治·凯莱解决了升力问题，奥托解决了动力问题，能量来源也有了，再加上莱特兄弟发明的控制飞机机翼的操纵杆，制造飞机的关键技术都具备了，飞机的诞生是必然的。

客机是用钥匙启动的吗?

客机没有启动引擎钥匙。为了安全起见,客机的驾驶舱门设有密码锁,还装有一个键盘,用于输入只有机组人员才知道的特殊访问代码,打开驾驶舱门。机长启动飞机引擎时,需要按顺时针方向把指定的机械开关拧到点火位,然后把发动机主控电门前提到"ON"位,这样,飞机的发动机就启动了。

飞机起降时为什么调暗客舱的灯光?

飞机起降时调暗客舱的灯光的原因如下:一是保证飞机的能源供给,使发动机产生的能量主要为飞机提供动力。二是如果飞机起降时发生意外,乘客的眼睛能够提前适应从明亮的环境中转移到黑暗的环境中,不至于目眩。三是应急撤离时,方便乘客观察机外的情况,从而选择正确的路线逃生,同时也便于机组人员评估外面的危险。

为什么飞机穿着白色的"外衣"?

大部分飞机被涂成白色,主要原因有四:一是有利于飞机防晒散热,防止飞机过热。二是白色的涂装不耐脏,工作人员更容易发现机身上的锈蚀、裂纹和机油泄露等危险信号。三是鸟类更容易识别白色,从而降低飞机起降时被鸟撞击的风险。四是白色的涂装经历常年的风吹日晒后,仍能保持良好的外观,易于维护。

飞机的"鼻子"里藏着什么?

飞机的"鼻子"叫雷达罩,是一个半球形的玻璃钢罩,里面藏着雷达天线。雷达天线能够发射和接收雷达波,主要有以下功能:一是探测空气中的小液滴,预测前方的天气是否恶劣。二是在飞机过于接近地面或某个物体时,及时警示飞行员。它通过扫描飞机下方的地形,让飞行员了解飞机所处的高度,并在紧急时刻给飞行员发出指令。三是为飞行员提供最佳的下降路径。

为什么飞机"容"不了小小的乒乓球?

制作乒乓球的主要材料是赛璐珞,而赛璐珞是一种极易燃烧的物质,《中国民用航空安全检查规则》举例的违禁品中就有赛璐珞的大名。因此,按照规定,以赛璐珞为主要制作材料的乒乓球成为禁止航空运输的物品之一,无论多大的飞机,都"容"不了乒乓球这种乘客,旅客是不可以携带乒乓球乘坐飞机的。

为什么飞机需要放电?

在飞机飞行时,飞机机体会和空中的空气、水汽和灰尘等微粒摩擦,产生静电,从而使飞机带电。静电除了会干扰飞机上的无线电设备,使飞机无法正常飞行,还会使乘客在走下飞机的一刻成为导体,被电流击中,受伤或身亡。为此,飞机上安装了放电刷和接地线等设备,以释放飞机在空中产生的静电,确保飞机上的人员和地勤人员人身安全。

为什么火箭倾斜着飞行?

火箭在飞行的过程中不是始终垂直向上的,而是起飞后不久就会倾斜,呈现出抛物线状的飞行轨迹。火箭要进入地球轨道,必须在发射后形成弯曲的轨道,否则它到达一定高度后就会耗尽燃料,落回到地球上。火箭倾斜着飞行,不仅能够节省燃料,还能够改变火箭的爬升方向和加速度,给航天器提供合适的高度、速度和飞行方向,使航天器顺利进入预定轨道。

大个头儿的火箭怎样"站"起来?

火箭在到达发射场前是分级放置的,发射前,每级箭体依次被吊起,逐一精准地起竖和对接。捆绑式运载火箭的一级箭体起竖完毕后,工作人员还会在它的周围捆绑4个助推器,并且两两对称,每完成一级对接,火箭四周的回转平台就层层合拢,以确保火箭飞行时更加平稳和安全。在星(船)罩组合体与火箭末级精准对接后,完整的火箭就"站"起来了。

飞天战袍"有什么用?

舱外航天服是航天员的"飞天战袍",相当于微型人航天器,是航天员出舱动时的"护身铠甲",可航天员出舱活动提供适当大气压力、足够的氧气、宜的温湿度。

航天员穿着厚厚的舱外航天服,不热吗?

舱外航天服通常有7层,重要部位有20层,但航天员穿着它进行舱外活动时并不会感到热,因为它的净化系统和热控系统会有效地控制航天服内的温湿度,使其保持在航天员感觉良好的范围内。

太空中的"天上之水"从何而来?

"天上之水"可以通过地面携带和货运飞船补给而来。除了自带,太空中也可以利用氢氧燃料电池"生产"水,还可以利用水循环装置净化产水,即将人体排出的液体及生活废水,通过回收净化,重新利用。

航天员在太空中生病了怎么办?

为了航天员的健康,空间站中会配备医监设备。航天员随身携带的心电装置可以24小时监控他们的心电数据。另外,飞船和空间站还配备有药箱,让航天员在飞控医生的指导下,及时治疗。

妙问趣答 MIAOWEN QUDA

为什么飞机的"嘴"形状各异？

飞机的进气口，相当于用来吸气的"嘴"。不同的飞机，对进气口形状的要求也不同。可调式进气道的进气口大多是方形或平行四边形，这样更易于调节。轻型单发动机飞机的进气口一般被设计成半圆形，这样与机身的外形贴合，能够减小飞行阻力。大部分客机采用的是可以获得最大进气量的圆形进气口。

为什么人乘坐飞机不会缺氧？

飞机发动机的扇叶先将外面的空气"吸"进发动机，接着通过内部的压气机将稀薄的空气进行多重压缩，使其变得"充实"。之后，飞机上的空调系统对压缩空气进行过滤、调节温度等，再将其输送到机舱里。空调系统还会对机舱内的空气进行循环处理，保证机舱内的空气流通，使乘客呼吸到新鲜的空气，不会缺氧。

为什么飞机的"腿"能量巨大？

飞机的"腿"指的是飞机的起落架。要想使飞机离开地面，必须把从零起步的速度提到一定程度，获得足够的升力来支持飞机腾空而起。因此飞机的起落架就起到了至关重要的作用。起落架承受着飞机的最大重量，起落架的支柱也是飞机上强度最大的部位，通常使用强度很大的合金钢材制造。

飞机用客舱窗玻璃上的小圆孔"呼吸"吗？

大多数民航飞机客舱的窗玻璃上都有小圆孔，即"呼吸孔"。窗玻璃由外层、中层和内层组成。呼吸孔位于中层玻璃上，主要有两个作用：一是平衡窗户内外的气压，确保客舱内的压力作用在最能受力的外层玻璃上，即使外层玻璃受损，内层玻璃也能继续保护乘客。二是防止窗户上的水汽凝结，排湿防霜。这样，乘客就能清晰地看到窗外的风景了。

飞机靠"喝"什么飞行？

当前，飞机"喝"的"饮料"主要是航空汽油和航空煤油。一些使用传统的活塞式发动机的小型飞机以航空汽油为燃料，而使用喷气式发动机的飞机主要以航空煤油为燃料。航空煤油的燃烧性能良好，储运比较安全，雾化后与空气充分混合，能够安全地燃烧。另外，相关人员还在探索让飞机"喝"甲烷、液氢等高能量燃料，使发动机的性能达到最好。

为什么飞机的登机舱门设在机身左侧？

机长的驾驶位置在机身左侧，飞机的登机舱门设在机身左侧，能够使机长更加方便地观看左侧的情况。另外，餐食车和行李等都是从机身右侧的服务舱门被送上飞机的，而且飞机大多通过右侧机翼下方的加油口加油。这样，乘客在左侧登机，勤务人员在右侧进行飞行前的准备工作，两边就会互不干扰，大大提高效率。

为什么飞机不能横跨太平洋飞行？

飞机飞行时难免会出现油耗不足的情况，而茫茫的太平洋上并没有供油的地方，再加上太平洋区域经常发生风暴和洋流，这就加大了飞机失事的可能性。因此，飞机一般会绕过白令海峡，从亚洲飞到美洲。但是，因为地球是近圆形的，所以飞机横跨太平洋飞的并不是直线距离，绕道白令海峡也不算太绕远。

为什么客机上没有降落伞？

客机上没有降落伞，主要原因有四：一是客机的重量和空间要求不允许客机配备降落伞。二是客机出事时会急速下坠，乘客根本来不及穿伞包，更不用说排队跳伞了。三是跳伞需要经过专业训练。四是一般客机飞行在低温、低压的高空中，舱门处于冰冻状态，很难打开，就算被打开，人也会因为强大的气压差而被吸出窗外，几秒钟就会死亡。

植物种子在太空中是如何生长的？

在地球上，种子总是根朝下、头朝上地生长，但是在太空中，它会随心所欲地生长。所以航天员把种子带到太空后，会给它们设置各种适宜生长的条件，让它们按照航天员的想法生长。

乘坐宇宙飞船能看见闪烁的繁星吗？

人乘坐宇宙飞船绕地球飞行时，来到阳照区，可以看到耀眼的太阳和蓝色的地球，还有深黑的宇宙；来到阴影区，可以看见深黑的宇宙中的漫天繁星，但因为没有大气折射现象，所以看不到星星闪烁的情景。

人造卫星在太空中"生病"了怎么办？

大多数人造卫星如果"生病"了——出了严重故障，就会报废，但有巨大科研价值的卫星出了故障，技工和专家就会乘坐宇宙飞船靠近它，执行空间对接操作并进行必要的维修。

飞船降落伞有什么用？

返回舱下降到距离地面10千米高度时，速度能达到200米/秒左右，这就需要降落伞来帮忙减速。飞船降落伞还能保证返回舱的下降姿态稳定。飞船降落伞在中低空打开后，将返回舱从比高铁还快的速度减至普通人跑步的速度，让航天员安全着陆。

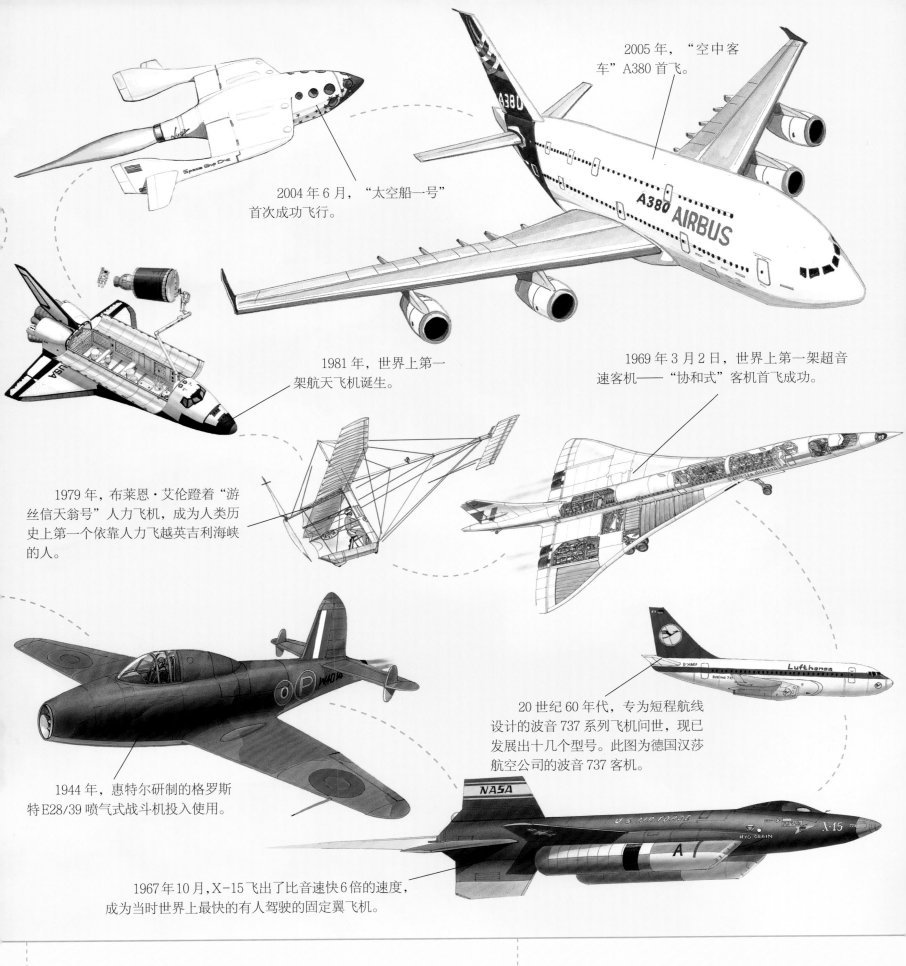

2004 年 6 月, "太空船一号" 首次成功飞行。

2005 年, "空中客车" A380 首飞。

1981 年, 世界上第一架航天飞机诞生。

1969 年 3 月 2 日, 世界上第一架超音速客机——"协和式" 客机首飞成功。

1979 年, 布莱恩·艾伦蹬着 "游丝信天翁号" 人力飞机, 成为人类历史上第一个依靠人力飞越英吉利海峡的人。

20 世纪 60 年代, 专为短程航线设计的波音 737 系列飞机问世, 现已发展出十几个型号。此图为德国汉莎航空公司的波音 737 客机。

1944 年, 惠特尔研制的格罗斯特 E28/39 喷气式战斗机投入使用。

1967 年 10 月, X-15 飞出了比音速快 6 倍的速度, 成为当时世界上最快的有人驾驶的固定翼飞机。

最初, 飞机机身为木结构, 用布做蒙皮。飞机越飞越高, 对材料的要求也越来越高。20 世纪 50 年代出现的钛合金因强度高、耐蚀性好、耐热性高等特点, 成为飞机机身的主要材料。

牛顿曾提出, 只要速度够大, 炮弹就可脱离地球引力。1942 年, 德国发明了火箭技术后, 许多科学家开始试图研制在太空中遨游的飞行器——宇宙飞船。

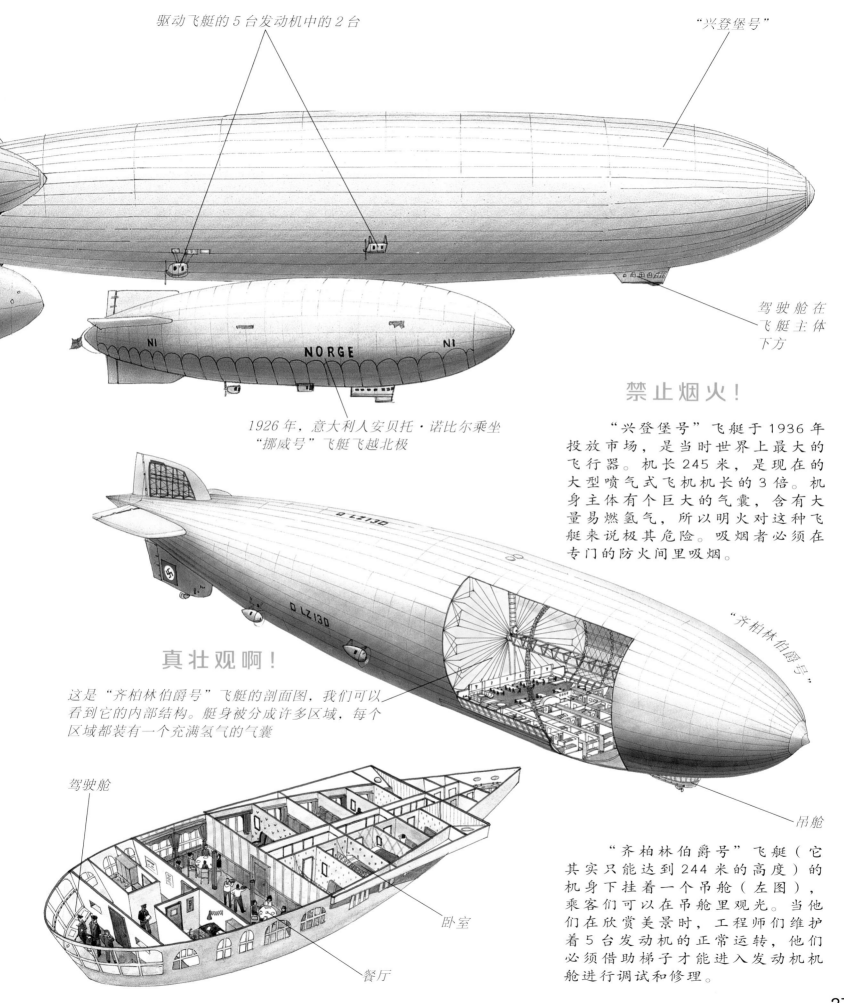

驱动飞艇的5台发动机中的2台

"兴登堡号"

驾驶舱在
飞艇主体
下方

1926年，意大利人安贝托·诺比尔乘坐
"挪威号"飞艇飞越北极

禁止烟火！

"兴登堡号"飞艇于1936年
投放市场，是当时世界上最大的
飞行器。机长245米，是现在的
大型喷气式飞机机长的3倍。机
身主体有个巨大的气囊，含有大
量易燃氢气，所以明火对这种飞
艇来说极其危险。吸烟者必须在
专门的防火间里吸烟。

真壮观啊！

这是"齐柏林伯爵号"飞艇的剖面图，我们可以
看到它的内部结构。艇身被分成许多区域，每个
区域都装有一个充满氢气的气囊

"齐柏林伯爵号"

吊舱

驾驶舱

卧室

餐厅

"齐柏林伯爵号"飞艇（它
其实只能达到244米的高度）的
机身下挂着一个吊舱（左图），
乘客们可以在吊舱里观光。当他
们在欣赏美景时，工程师们维护
着5台发动机的正常运转，他们
必须借助梯子才能进入发动机机
舱进行调试和修理。

27

水上飞机

　　飞机越来越适合服务于人类的长途旅行，但着陆点似乎成了问题。飞机场？那个年代还没有机场，但有许多港口。显然，最佳的着陆点就是水上。法国人亨利·法布尔将浮筒装在了他的飞机上，并在1910年让飞机成功地从水上起飞——这是人类的首次水上起飞。从此，这种飞机就被叫作"水上飞机"。在整个二十世纪二三十年代，水上飞机被广泛用于运送乘客和货物。

　　20世纪30年代，英国帝国航空公司（英国航空公司的前身）有一队豪华的水上飞机。这些水上飞机不仅每架能搭载24名乘客，同时还能携带很多邮件。第二次世界大战期间，水上飞机被用来巡逻和救援其他飞机，挽救了很多生命。但战争一结束，水上飞机很快就被淘汰了，取而代之的是造价更为便宜的早期现代客机。

大名鼎鼎的"水上飞机"

尾翼

发动机检查口

中舱室

后舱室

存放行李和邮件的货舱

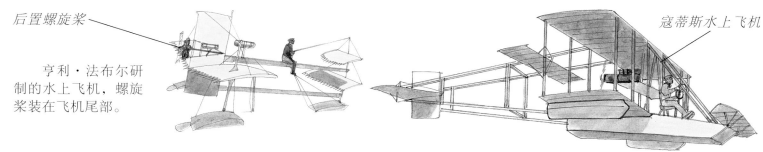

后置螺旋桨

亨利·法布尔研制的水上飞机，螺旋桨装在飞机尾部。

寇蒂斯水上飞机

1913 年，一架寇蒂斯水上飞机飞到了 1890 米的高空，创下新的高度纪录。

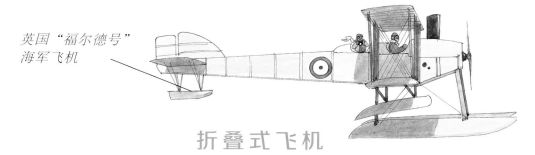

英国"福尔德号"海军飞机

折叠式飞机

折叠式飞机（上图）在第一次世界大战中用于侦察敌情。需要时，它可以展开机翼，降落到海面上。

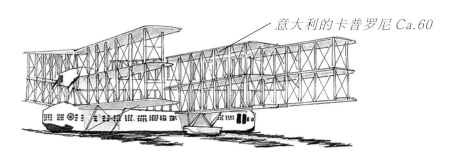

意大利的卡普罗尼 Ca.60

意大利卡普罗尼 Ca.60 三翼飞机（上图）有 8 个引擎，专为搭载 100 名乘客飞越大西洋而设计，但在 1921 年 3 月的首次试飞中，它不幸坠毁了。

飞越大西洋

1930 年，科斯特和贝隆特第一次自东向西从欧洲飞越北大西洋到达美国。他们驾驶的是"道尼尔－沃尔号"水上飞机（下图）。

布里斯托"飞马"发动机

测向天线

驾驶舱

停泊舱口

德国"道尼尔－沃尔号"水上飞机

"道尼尔Do-X号"

"道尼尔 Do-X 号"水上飞机（左图）能够搭载 170 名乘客。它从欧洲起飞，经过非洲和南美洲，最终到达纽约。虽然，它在当时较为先进，但它使用的 12 个引擎明显供能不足。

飞向全世界

渐渐地，设计师和工程师们越来越了解飞行原理。因此，飞机变得更加安全可靠。公众也意识到了这一点，他们比以前更向往飞行。不久，飞行就变成了一种时尚，至少在那些富人中是这样的。没有机场，没有安检，没有往返机场时的交通拥堵——这就是早期的空中旅行。

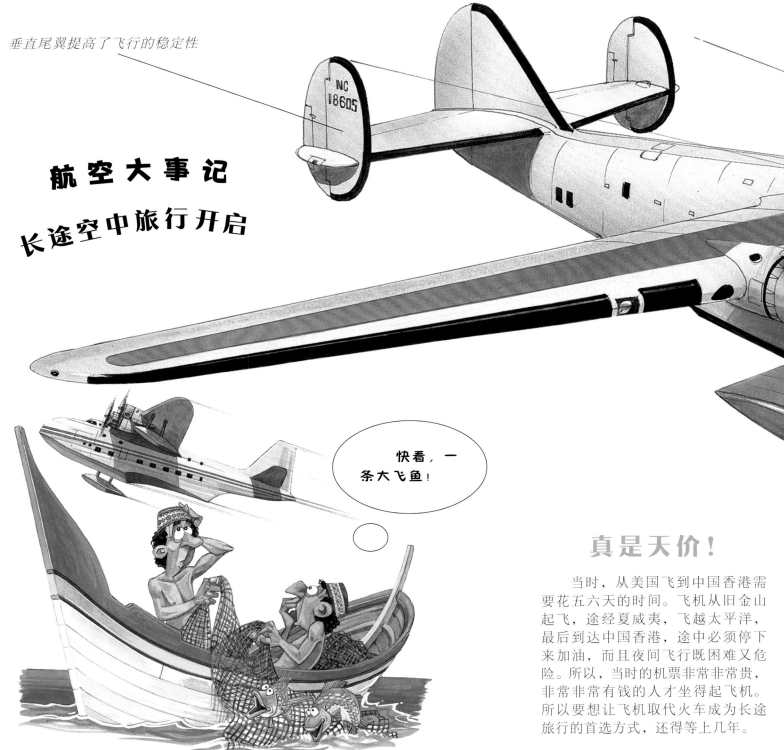

垂直尾翼提高了飞行的稳定性

航空大事记
长途空中旅行开启

快看，一条大飞鱼！

真是天价！

当时，从美国飞到中国香港需要花五六天的时间。飞机从旧金山起飞，途经夏威夷，飞越太平洋，最后到达中国香港，途中必须停下来加油，而且夜间飞行既困难又危险。所以，当时的机票非常非常贵，非常非常有钱的人才坐得起飞机。所以要想让飞机取代火车成为长途旅行的首选方式，还得等上几年。

背负式飞机

1938 年，这两架飞机（左图）为水上飞机直线飞行创下了纪录。较大的"玛雅号"把比它小得多的"水星号"载到空中，所以"水星号"起飞就不用耗费燃料。"水星号"继续创造了从东向西穿越大西洋飞行的纪录。这也是第一次跨越北大西洋的商业飞行。

波音 314 "飞剪"有 4 台怀特双转缸发动机

"飞剪"的锚被安置在机头

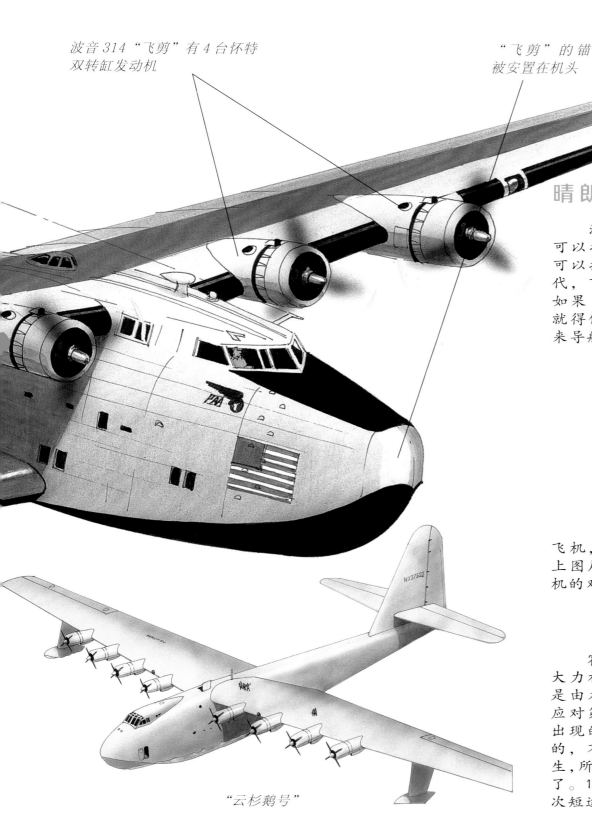

"云杉鹅号"

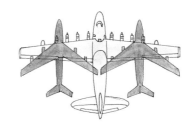

晴朗的天气是必要条件！

波音 314 "飞剪"客机（左图）可以携带很多燃料来供能，因此它可以搭载 74 名乘客。20 世纪 30 年代，飞机没有夜间导航辅助设备，如果"飞剪"在夜间飞行，飞行员就得像航海一样，依靠天上的星星来导航。

到底有多大？

"云杉鹅号"是一架巨型水上飞机，由霍华德·休斯设计而成。上图展示的是它与两架波音 707 客机的对比。

巨大的木头飞机

霍华德·休斯设计制造的 H4 大力神飞机"云杉鹅号"（左图）是由木头制成的。这架飞机是为了应对第二次世界大战中美国可能会出现的金属材料短缺的情况而设计的，不过金属短缺的情况并没有发生，所以世界上便仅此一架"云杉鹅"了。1947 年，休斯驾驶它进行了一次短途飞行。

客机时代来临

第一次世界大战以后，一些国家发现他们的很多飞机和飞行员都"闲"了下来。于是，在美国，旧的轰炸机被用来寄送长途邮件，这可是一项危险的工作。首批的40个邮递飞行员中有30个在飞行事故中丧生。1919年2月，一项新的航空服务开始在德国的柏林和魏玛两座城市间进行——每次飞行携带两名乘客。同年8月，伦敦和巴黎之间开始了第一项国际航空客运服务，航空旅行的新篇章缓缓开启。

水面着陆

1928年，既能在跑道上降落也能在水面降落的西科斯基S-38飞机（上图）交付使用。泛美航空公司用它执飞加勒比海航线。

航空大事记

第一位空姐——艾伦·丘奇

欢迎登机，请您就座。

1930年，美国联合航空公司成为第一家雇用空姐的航空公司。艾伦·丘奇就是第一位空姐，她原本是美国艾奥瓦州的一名护士。在此之前，飞机上只允许男性空乘人员为乘客服务。在很多年里，有些航空公司一直拒绝聘用女性空乘人员。

道格拉斯DC-2：美国

容克Ju-52：德国

萨伏亚－马切蒂
SM74：意大利

威博特－彭霍特
282-T-12：法国

从扔炸弹到载乘客

世界上最早的客机是用第一次世界大战中的轰炸机改造的。后来，航空公司逐渐开始专门设计并制造民用飞机。但在第二次世界大战中，德国的容克Ju-52运输机（上图）被用于军事。

杰克·桑德森，最早的航空乘务员之一，曾受聘于英国戴姆勒航空公司，1923年，在伦敦飞往巴黎的航班上遭遇空难身亡。

20世纪30年代，最好的飞机是道格拉斯DC-2（顶图）和后来的道格拉斯DC-3。这些飞机机身呈流线型，造价经济实惠。然而，英国帝国航空公司还是继续使用一些陈旧机型，包括根据双翼飞机改造出来的小型"锡拉"飞机（左图）。

英国帝国航空公司的四引擎小型"锡拉"飞机的三个舱室能携带39名乘客，但是在天气不好的情况下，很难飞行。这家航空公司也使用汉德利·佩奇HP42飞机。20世纪30年代，这家航空公司的飞机往来于伦敦和欧洲大陆，运载的乘客比其他航空公司加起来还多。

在客运航空业里，重量是重要的考虑因素，登机前，乘客需要和行李一起称重。

飞机越造越好

在莱特兄弟证实了人类飞行可能性的20年后，飞机已经成为人类日常生活中的重要组成部分。飞机制造业高歌猛进，航空公司开始大力推行客运飞行（左上角图为德国汉莎航空公司的标志），有钱人以飞机代步前往世界各地。随着设计师和工程师们的不断研究与改进，飞机变得越来越安全。但直升机的飞行问题仍未被解决，在中断了30年后，飞机设计师埃格·西科斯基重新投入到直升机的研究中，终于取得了重大成果。

还是很奢侈啊！

这是1927年往来于伦敦和巴黎之间的"银翼"航班（世界上第一个被命名的航班）内舱，当乘客坐在舱中享受着客舱服务的时候，飞行员却不得不在开放式的驾驶舱里忍受风吹日晒。

航空大事记

1939年9月14日，"VS-300"直升机首飞成功

终于成功啦！

嗡嗡嗡……

埃格·西科斯基在他的"VS-300"直升机上加了一只小小的尾桨，防止直升机在飞行过程中打转或倾斜。他不断改善"VS-300"直升机，到1940年夏天，这种直升机已经可以一次在空中停留15分钟。

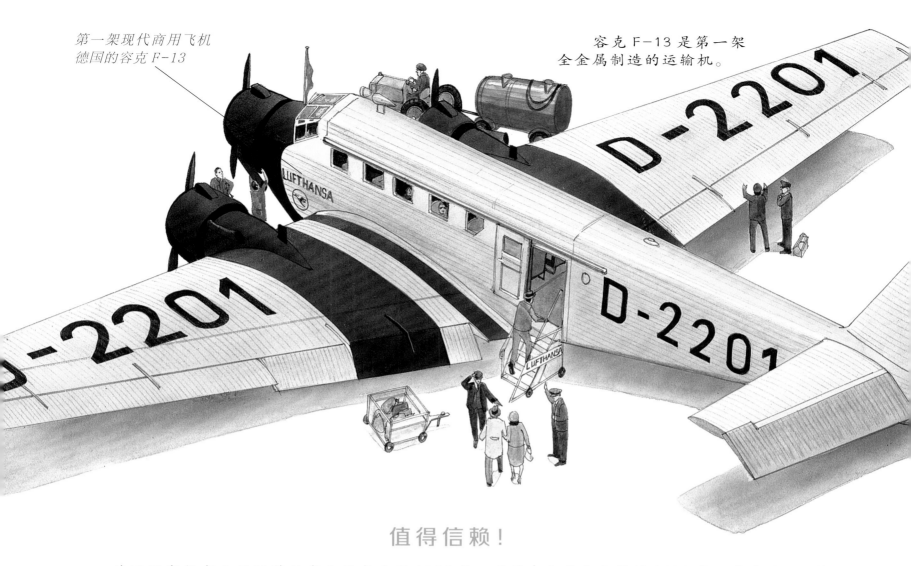

第一架现代商用飞机
德国的容克 F-13

容克 F-13 是第一架
全金属制造的运输机。

值得信赖！

德国国家航空公司汉莎航空公司成立于 1926 年，而早在它成立之前的 1919 年，容克 F-13 就已经开始运载乘客和货物了，这种机型性能非常稳定，20 年后，第一架容克 F-13 飞机仍在运行。

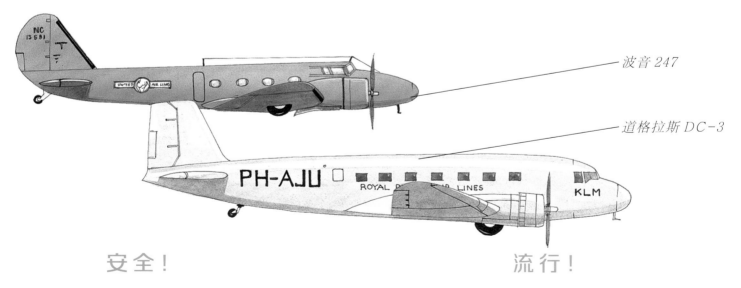

波音 247

道格拉斯 DC-3

安全！

1933 年，波音公司生产了具有革命意义的客机——波音 247（上图），它不但速度快，更重要的是，即使其中一台发动机熄火，它仍可以继续飞行。

流行！

1935 年，道格拉斯 DC-3 问世，它是 DC-2 的改良版。和以前的飞机一样，DC-3 有流线型的外形和可收放的起落架。它们制作精良，牢固可靠，尽管最后一架 DC-3 飞机制造于 1946 年，但许多 DC-3 在 50 年后仍在使用。

航空闪电战

闪电战，顾名思义，就是奇袭加快袭，像闪电一样打击敌人。二战期间，斯图卡式俯冲轰炸机（左上图）以其大范围的作战能力和灵活的攻击性赢得了世界航空专家和军事家的青睐，它最大速度能达到410千米／时，升空极限高达7290米。斯图卡真正地做到了与地面垂直90度角，能够垂直地向目标进行俯冲攻击，这种轰炸的精准程度远远超过了水平轰炸，完美契合了闪电战的作战需求。

两枚德国空军部队的徽章

机关枪

航空大事记
1940年 闪电战

真扫兴！

快给我下来！

最好的战斗机

梅塞施米特 Bf-109 战斗机是二战时期德国空军拥有的最好的战斗机。

会飞的铅笔？

道尼尔 Do-17（下图）因为它又细又长的机身而被戏称为"飞行铅笔"。

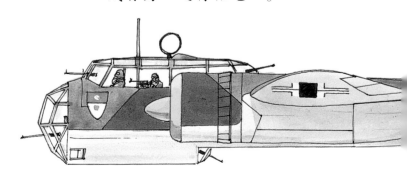

梅塞施米特 Bf-109 战斗机

机关枪

螺旋桨

亨克尔 He-111 战斗机

猎潜艇

二战时期，德国空军在整场战争中都使用亨克尔 He-111 战斗机（上图）。它没有很长的射程，炸弹负荷又小。但它有很多的用途，能搜寻潜艇，还能发射 V-1 导弹。

两名德国飞行员（右图）：左边是战斗机飞行员，右边是轰炸机飞行员。

俯冲轰炸机

可怕的"斯图卡"容克 Ju-87 俯冲轰炸机（右图），被称为"尖叫的死神"，它是德国闪电战的利器。

战斗机越来越可怕

不列颠之战是人类战争史上的首场空战，也是世界战争史上规模最大的一场空战。在这场战争中，英德双方都投入了数以千计的战斗机，相较于一战战斗机首次应用于战场而言，战斗机不论从性能、装备还是攻击力方面都获得了长足的进步。1940年8月12日，德国派遣以"Bf-109"为主力机型的战斗机组成游猎群，来到英格兰南部上空，对英国战斗机进行攻击，并掩护轰炸机对英国地面军事设施进行轰炸，由此正式拉开了这场空战的序幕。在1940年8月底的伦敦保卫战中，英国喷火战斗机脱颖而出，击退了德国Bf-109战斗机，成为了最大的功臣。从那以后，在战斗机的世界中，英国喷火和德国Bf-109系列战斗机一直都保持着历史名机的骄傲地位。

皇家空军

英国皇家空军标志是"翅膀"徽章（下图）。1918年，英国皇家空军成立，由1912年建立的皇家飞行队和1914年组建的皇家海军航空勤务队合并而成。

以少胜多

不列颠之战开始于1940年夏季。德国空军有将近3000架飞机投入战斗，而英国皇家空军只有不到1000架飞机。英国的核心防御力量是喷火式战斗机和飓风式战斗机。空战中，双方都损失惨重。当英国飞机配备了新型雷达预警系统后，这场空战才开始渐渐有利于英国一方。

航空大事记
1940年 不列颠之战

温斯顿·丘吉尔

这是他们最光辉的时刻！

38

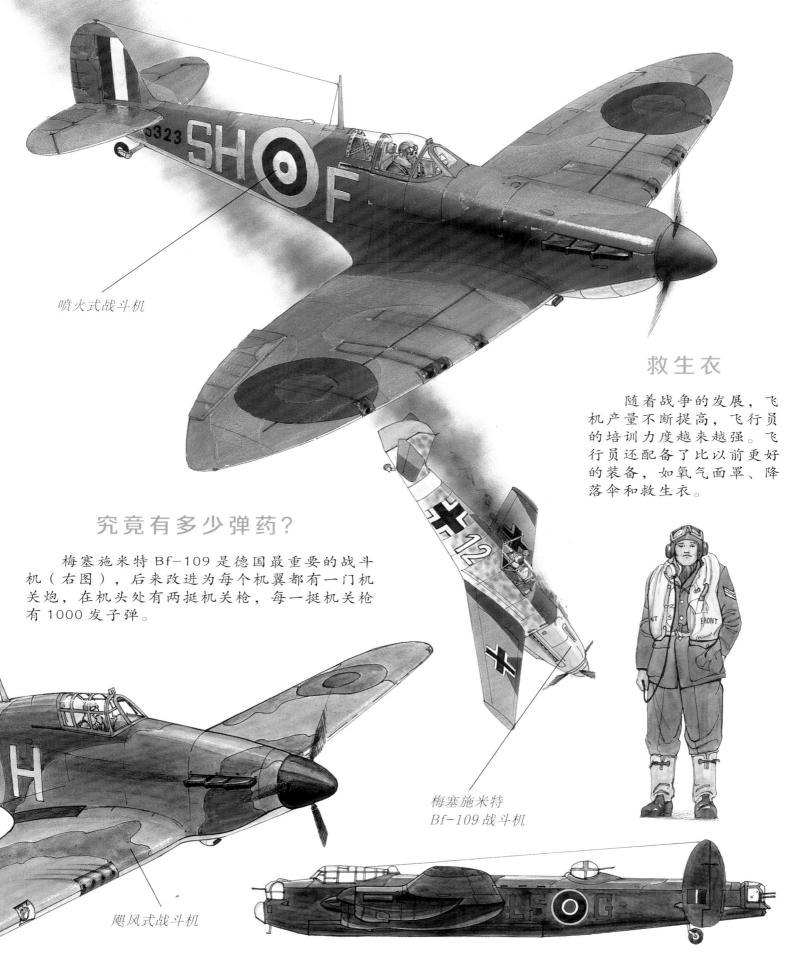

喷火式战斗机

救生衣

随着战争的发展,飞机产量不断提高,飞行员的培训力度越来越强。飞行员还配备了比以前更好的装备,如氧气面罩、降落伞和救生衣。

究竟有多少弹药?

梅塞施米特 Bf-109 是德国最重要的战斗机(右图),后来改进为每个机翼都有一门机关炮,在机头处有两挺机关枪,每一挺机关枪有 1000 发子弹。

梅塞施米特
Bf-109 战斗机

飓风式战斗机

最初的飓风式战斗机(左上图)和喷火式战斗机(顶图)都配备有 8 挺机关枪,最高时速超过 500 千米。

英国皇家空军最好的重型轰炸机是"兰开斯特"轰炸机(上图)。它可以携带 10 吨大满贯炸弹!

空中轰炸

直到 1941 年 6 月，虽然纳粹德国空军仍然继续在夜间偷袭英国城市，但不列颠之战还是告一段落了。希特勒决定先不打英国，把战争的重心从东边转向太平洋地区。尽管英国首相温斯顿·丘吉尔努力劝说，但美国人民仍然拒绝参战。

1941 年 12 月 7 日，日本偷袭美国珍珠港，这时美国人愤怒了，最终决定参战，与英国、法国和其他国家成为盟国。

日本零式战斗机

从 1943 年开始，美国新的战斗机的性能远远超过日本零式战斗机。1937 年，日本三菱重工公司开始研制零式战斗机，1939 年开始服役。是二战中日本的主力舰载战斗机。该机的特点是转弯半径小、速度快、航程远。

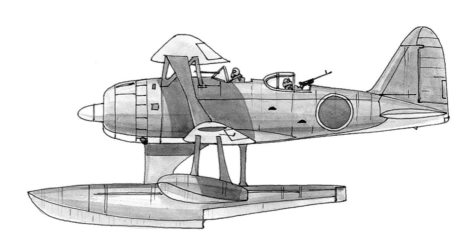

三菱 F1M2 零式水上双翼机，用于短距离侦察（上图）

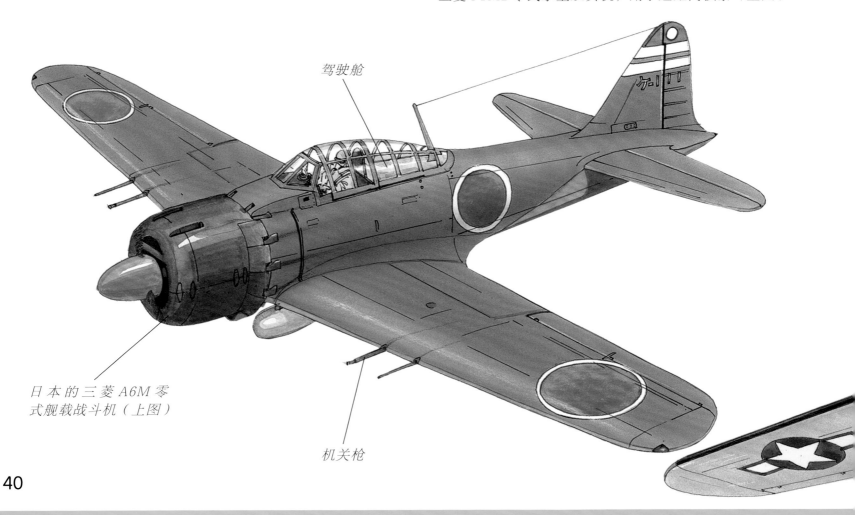

驾驶舱

日本的三菱 A6M 零式舰载战斗机（上图）

机关枪

俯冲轰炸机！

1941年，爱知D3A俯冲轰炸机（左图）逞凶一时，日本军队就是利用它偷袭的珍珠港。1942年，它们还被用于中途岛战役，从那场战役起，日本开始节节败退。

徽章

许多飞行员把徽章挂在他们的B-17战斗机上。其中，"孟菲斯美女号"（下图）是最出名的。

> 至少在白天我们可以看到射击目标。

那时，英国有很多美国的空军基地，因为当时的飞机还不像现在，可以远距离飞行。美国空军飞行员（左图）白天进行攻击，英国皇家空军则在晚上进行轰炸。

"MEMPHIS BELLE"

"孟菲斯美女号"

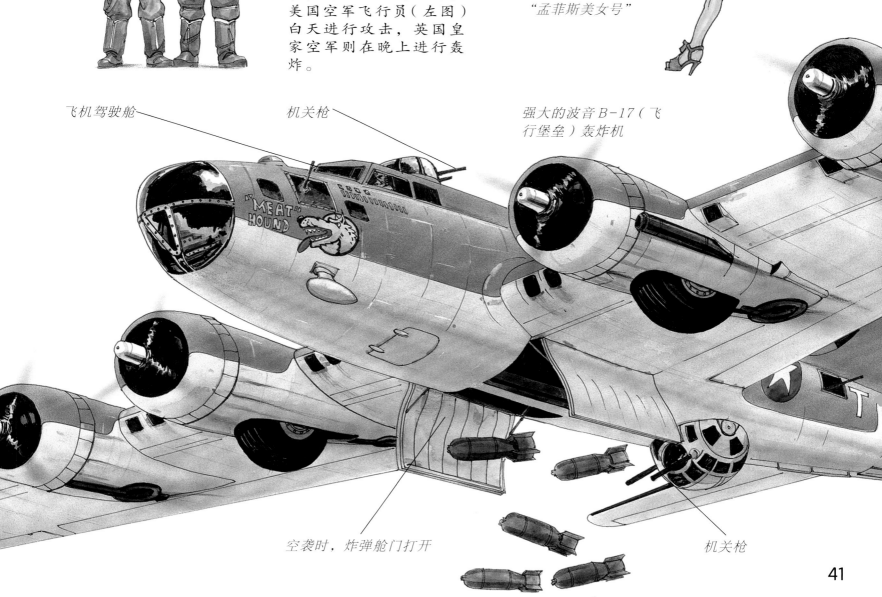

飞机驾驶舱　　机关枪

强大的波音B-17（飞行堡垒）轰炸机

空袭时，炸弹舱门打开　　机关枪

飞进喷气时代

各个国家为拥有最好的飞机都尽最大努力不断改进飞机设计并提高技术。这当中，飞行速度是最重要的，也就是说需要更好的发动机来支持。

1941年5月，在一次飞行试验中，一架由英国人弗兰克·惠特尔设计的用喷气发动机驱动的飞机，时速可达545千米。

当时德国的一个工程师欧海因也做着类似的工作，他设计出第一台可操作的喷气发动机。1939年8月，他的喷气发动机成功驱动了一架亨克尔He-178飞机，但是这架试验飞机自此就再没飞过。

它是如何工作的？

喷气发动机先吸入空气，把它压缩并且与燃料混合燃烧，然后产生废气，当废气高速喷射时，就能提供一个向前的推力，推动内燃机。但对当时而言，惠特尔的这种设计太先进了，这些材料必须异常坚固，才能承受住发动机的高速运转以及所产生的高温。

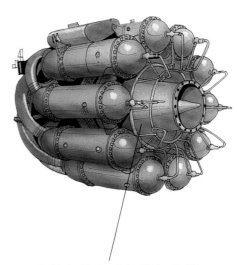

惠特尔的发动机排气装置的后视图

航空大事记 1930年

弗兰克·惠特尔发明涡轮喷气发动机

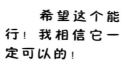

希望这个能行！我相信它一定可以的！

在惠特尔早期的发动机中，燃烧室（就是空气变成燃气的地方）经常开裂，有时还会爆炸！即使这些问题得到解决，英国皇家空军还是花了很多时间和精力来说服人们，使其接受这种超前的发动机。

1948年，英王乔治六世为表彰惠特尔的成就，授予他爵士爵位，并晋升为准将。

惠特尔研制的格罗斯特 E-28/39 喷气机（下图）。1944年，"流星"双发动机喷气式战斗机投入使用。

1939年，第一架喷气式战斗机亨克尔 He-178 进行第一次也是唯一一次飞行。

格罗斯特 E-28/39

涡轮风扇发动机

右图是一幅现代喷气发动机的截面图。空气流经发动机的风扇，分成两部分：一部分在燃烧室里燃烧，产生燃气，然后从尾喷口喷涌而出；另一部分穿过风扇直接排入大气，或者和燃气一起排出，产生强大推力，推动飞机翱翔于空中。

进气口　压气机叶片　燃烧室　加力燃烧室

金属外壳　燃料喷嘴　后涡轮机

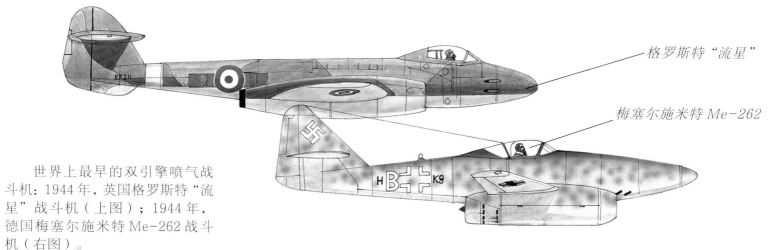

格罗斯特"流星"

梅塞尔施米特 Me-262

世界上最早的双引擎喷气战斗机：1944年，英国格罗斯特"流星"战斗机（上图）；1944年，德国梅塞尔施米特 Me-262 战斗机（右图）。

飞得越来越快

1910年6月9日，法国陆军的玛尔科奈大尉和弗坎中尉驾驶着一架"亨利·法尔曼"双翼机进行了世界上第一次试验性的侦察飞行，从这一天起，最早的侦察机便诞生了。现在，为了规避防空导弹等空中拦截武器的袭击，已经出现了隐形侦察机，甚至是无人侦察机，并且，大量高性能的侦察设备纷纷被运用在侦察机上，侦察机的性能正在飞速提高。可以预见，侦察机在未来的战场上一定会发挥出更大的作用。

航空大事记
喷气式战斗机诞生

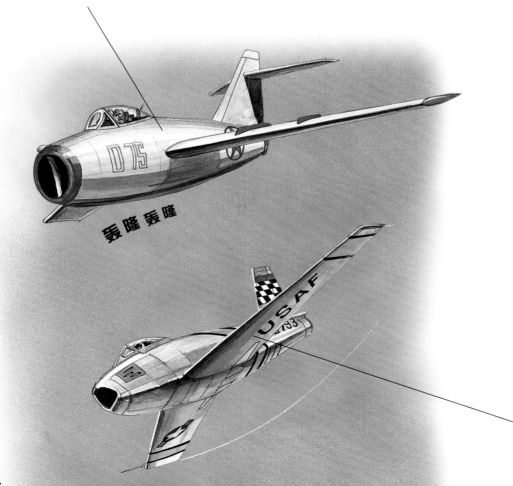

苏联的第一代喷气式战斗机
米格－15战斗机

轰隆轰隆

美国第一代喷气式战斗机
的代表 F-86 "佩刀"

侦察机

侦察机是军用飞机大家族中历史最长的机种。按照遂行任务，侦察机可分为战略侦察机和战术侦察机。战略侦察机一般具有航程远和高空、高速飞行性能，用以获取战略情报，多是专门设计的；战术侦察机具有低空、高速飞行性能，用以获取战役战术情报，通常用歼击机改装而成。目前，美国、俄罗斯和中国等国家，都具有一些先进的代表性的现役侦察机机型。

绰号"休伊"的UH-1直升机（上图）是美国军用中型通用直升机，是美军批量装备的第一架搭载了涡轮轴发动机的直升机。它采用单发单旋翼带尾桨的布局，普通全金属半硬壳式机身结构。机身分前后两段，前段是主体，后段是尾梁。机身左右都有大尺寸舱门，便于人员及货物装卸。最大时速能达到207千米。

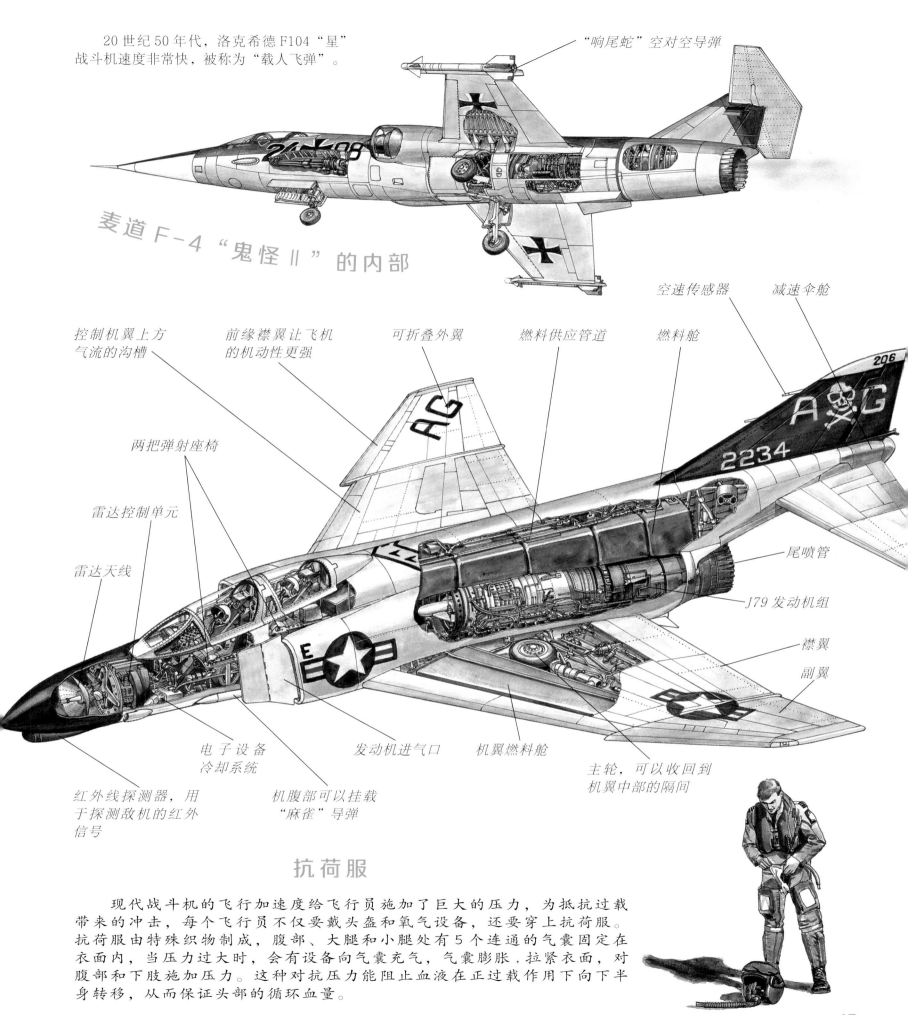

20世纪50年代，洛克希德F104"星"战斗机速度非常快，被称为"载人飞弹"。

"响尾蛇"空对空导弹

麦道F-4"鬼怪Ⅱ"的内部

空速传感器

减速伞舱

控制机翼上方气流的沟槽

前缘襟翼让飞机的机动性更强

可折叠外翼

燃料供应管道

燃料舱

两把弹射座椅

雷达控制单元

雷达天线

尾喷管

J79 发动机组

襟翼

副翼

电子设备冷却系统

红外线探测器，用于探测敌机的红外信号

机腹部可以挂载"麻雀"导弹

发动机进气口

机翼燃料舱

主轮，可以收回到机翼中部的隔间

抗荷服

现代战斗机的飞行加速度给飞行员施加了巨大的压力，为抵抗过载带来的冲击，每个飞行员不仅要戴头盔和氧气设备，还要穿上抗荷服。抗荷服由特殊织物制成，腹部、大腿和小腿处有5个连通的气囊固定在衣面内，当压力过大时，会有设备向气囊充气，气囊膨胀，拉紧衣面，对腹部和下肢施加压力。这种对抗压力能阻止血液在正过载作用下向下半身转移，从而保证头部的循环血量。

飞得更快、更高！

当飞行成为一种可能后，人类开始想飞得更快、更高。就在人类为奥维尔·莱特飞离地面3米而欢呼的60年后，美国人制造出了火箭动力X-15飞机，它可以飞到10.8万米的高度，要知道，世界上最高的珠穆朗玛峰的高度大约是8844米！在追求高度、速度的过程中，许多飞行员献出了生命。研究人员也从事故当中吸取经验和教训，竭尽全力，不断提高飞机的安全性。

突破声障！

突破声障是指飞机的飞行速度比声音的速度还快。1947年，美国试飞员查克·叶格驾驶贝尔X-1火箭飞机的成功，使之成为人类突破声障的第一人。

哎呀，太热了！

著名飞行器洛克希德"黑鸟"

洛克希德SR-71又叫"黑鸟"，是它那个时代世界上飞得最快的喷气式飞机。为了减轻飞机的重量，它有一个非常轻薄的机壳，特殊的暗蓝色涂料，可以在非常高的温度中保护它。如果它的速度达到极限3529千米／时，机身外表面的温度将会超过300℃——比大多数家用烤箱能达到的温度还高。飞行员的穿着跟宇航员的穿着类似，必须穿增压服，以防在高空中突然失去座舱压力，对身体产生伤害。

它飞得最快!

截至目前,X-15(下图)是世界上最快的有人驾驶的固定翼飞机。1966年10月3日,它飞到了6.72马赫的速度——比音速还快6倍。

由于火箭发动机燃料消耗量惊人,因此X-15是由一架B-52载机带到高空再被释放的。1967年10月,X-15还创下了一个高度纪录:飞行员威廉"皮特"骑士驾驶着X-15突破了108千米的高度。X-15对美国太空项目的发展起到了巨大的推进作用。

X-15

X-43A

冲压式喷气发动机

如果不是考虑到人类飞行员所能承受的重力有限,有人驾驶飞机是可以飞得更快的。美国国家航空航天局研制的X-43A飞机(上图)保持着最快的无人驾驶飞行纪录,时速可达到11265千米!这些都得益于新技术,超音速燃烧冲压发动机与传统的喷气发动机工作原理不同,也没有旋转部件。

B-2隐形轰炸机

波音F15-E"攻击鹰"

这些飞机也不错

美国空军B-2隐形轰炸机(左图)采用了翼身融合、无尾翼的"飞翼"设计,飞机似一个巨大的翅膀,也像一个飞镖。独特的外形设计和能够吸收雷达波的机身材料,使它很难被雷达探测到。

1988年,美国空军推出了另一款成功的战斗机——波音F15-E"攻击鹰"(左图)。它能够飞到18千米的高度,速度超过音速的2倍。

直升机诞生

左面这幅图是莱奥纳多·达·芬奇无数发明草图中的一张，绘制于1500年左右。不知道这是不是人类最早对直升机的构想。如果是的话，那么达·芬奇可是超前了500年。1907年，法国人保罗·科尔尼第一次成功试飞直升机，但飞机仅成功飞离地面30厘米。直到1936年，第一架真正具有实用价值的直升机——福克-沃尔夫FW61才正式诞生，首飞成功。

安装在直升机顶部的旋翼通过高速旋转产生升力，把直升机托举在空中

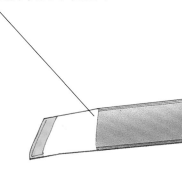

第二次世界大战中，同盟国军队使用了西科斯基R-4"食蚜蝇"。

著名飞行器
詹姆斯·邦德的旋翼机

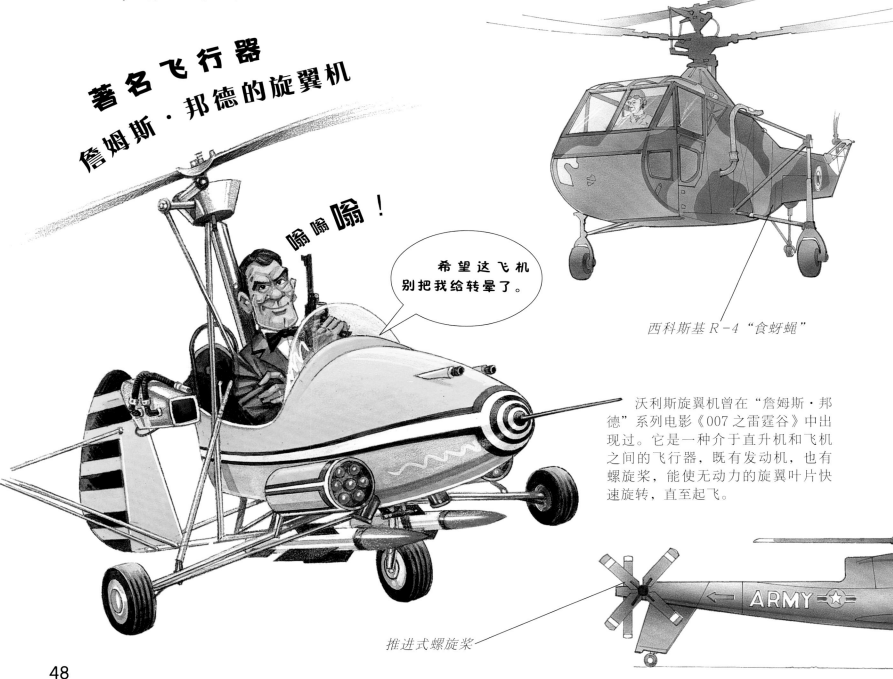

嗡嗡嗡！

希望这飞机别把我给转晕了。

西科斯基R-4"食蚜蝇"

沃利斯旋翼机曾在"詹姆斯·邦德"系列电影《007之雷霆谷》中出现过。它是一种介于直升机和飞机之间的飞行器，既有发动机，也有螺旋桨，能使无动力的旋翼叶片快速旋转，直至起飞。

推进式螺旋桨

ARMY

坦克终结者

美国的AH-64 "阿帕奇"是一种具备强大的反装甲、反坦克能力的武装直升机。

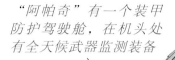

"阿帕奇"有一个装甲防护驾驶舱，在机头处有全天候武器监测装备

火箭发射器

在"阿帕奇"每个短翼下面各有两个挂载点，共可挂载8枚"地狱火"导弹和38枚火箭

单管链炮

它最快……

"夏延"武装直升机（下图）是洛克希德公司专门为美国军队研制的，它有一个能极大提高飞行速度的后置推进器，它的外形比大多数直升机更趋向流线型。

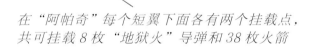

米格-28

……但没生产出来

"夏延"虽然设计先进，但同时存在很多技术上的问题，且造价高昂，所以它从未被投入生产。

绰号"浩劫"的米格-28武装直升机（上图），最大飞行速度可以达到300千米/时。

机场和航空公司

在二十世纪二三十年代，没有像我们现在这样的机场。因为那时的飞机重量很轻，足以在草地上起飞和降落，所以当时的机场就是一块大草地，草地上还有一栋候机楼，这就是现代机场的前身。随着飞机体积变得越来越大，它们的重量也变得越来越重。为了防止飞机沉入地下，就引进了混凝土跑道。机场运营商发现更大的飞机能坐更多的乘客，这样也能赚取更多的钱。

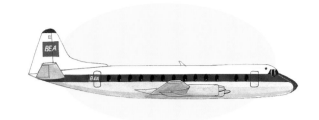

"维克斯子爵"飞机（上图）是二十世纪四五十年代英国最成功的客机。它的涡轮螺旋桨发动机是螺旋桨和喷气发动机的结合。

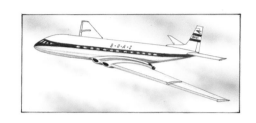

德·哈维兰"彗星"1型（左图）是第一架商用喷气式客机，1952年开始投入使用，巡航速度达到724千米/时，后来因事故频发，于1954年停止使用。

波音747客机的每个机翼末端都有用来减少空气阻力的翼梢小翼

塔台，9527请求着陆。

塔台是谁？

塔台或称控制塔，是一种设置于机场中的航空运输管制设施，是用来监看以及控制飞机起降的地方。

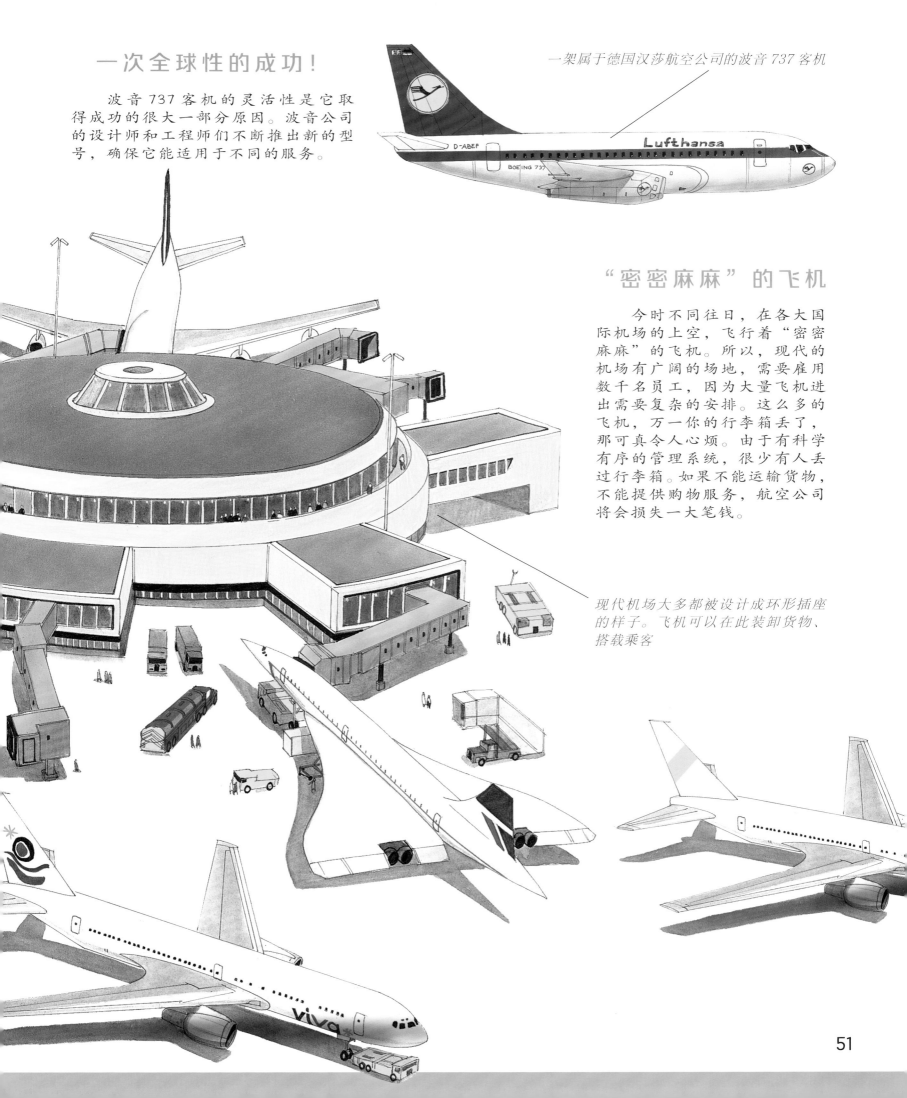

一次全球性的成功！

波音737客机的灵活性是它取得成功的很大一部分原因。波音公司的设计师和工程师们不断推出新的型号，确保它能适用于不同的服务。

一架属于德国汉莎航空公司的波音737客机

"密密麻麻"的飞机

今时不同往日，在各大国际机场的上空，飞行着"密密麻麻"的飞机。所以，现代的机场有广阔的场地，需要雇用数千名员工，因为大量飞机进出需要复杂的安排。这么多的飞机，万一你的行李箱丢了，那可真令人心烦。由于有科学有序的管理系统，很少有人丢过行李箱。如果不能运输货物，不能提供购物服务，航空公司将会损失一大笔钱。

现代机场大多都被设计成环形插座的样子。飞机可以在此装卸货物、搭载乘客

飞机越造越大

飞机变得越来越安全可靠，即使在恶劣的天气中也能自由飞行，乘客也感觉更加舒适。第二次世界大战后，航空公司间的竞争日趋激烈，每家公司都承诺给乘客提供更大、更快、更舒适的飞机。逐渐地，越来越多的人选择坐飞机去旅游，飞机票价格也就慢慢降了下来。1969年2月，首架波音747原型机试飞，随后投入运营，它可以搭载400～600名乘客，并很快被冠以"巨无霸"的称号。

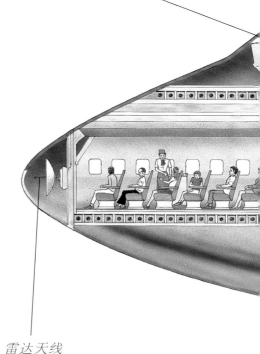

驾驶舱

雷达天线

航空大事记
波音747首航

我的确符合"巨无霸"的称号！

难怪人们叫它"巨无霸"！

真的好大！

直飞

"巨无霸"可以一次性飞1.3万多千米，中途不需要加油。在它投入使用后的6个月内，安全搭载乘客超过100万名。一年以后，这个数字增长到700万，因为越来越多的航空公司开始使用"巨无霸"运送世界各地的乘客。

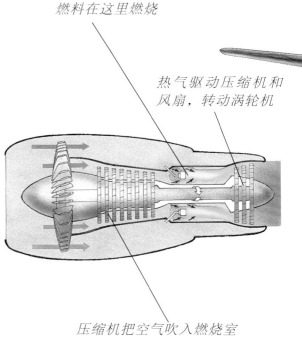

燃料在这里燃烧

热气驱动压缩机和风扇，转动涡轮机

压缩机把空气吹入燃烧室

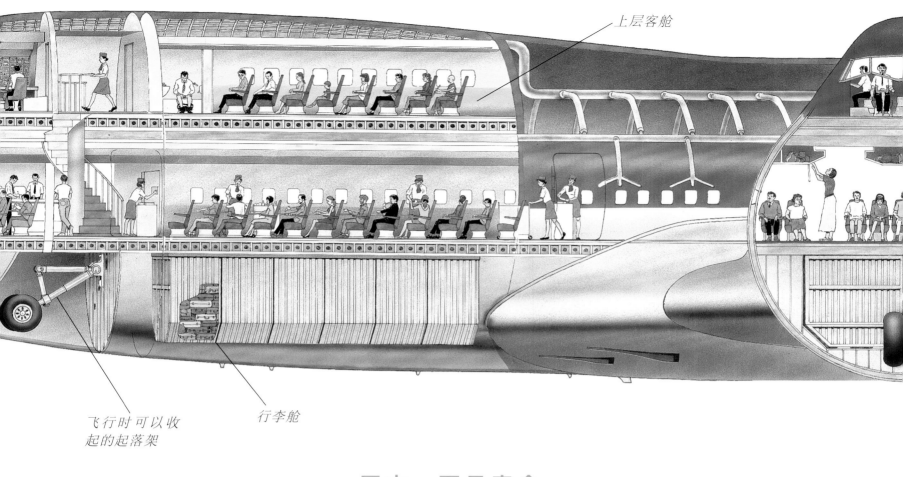

上层客舱

飞行时可以收
起的起落架

行李舱

巨大，而且安全

　　波音747是最早的宽体客机。其他生产商看到波音747的商机时，都纷纷推出了自己的大型客机。并不是所有的飞机内部都是一样的，但我们可以通过波音747机身的剖面图，看到一种典型的内部布局。波音747除了是最大的飞机以外，它还是最重的飞机。它由4台极其强大有力的涡轮风扇发动机供能。燃料储存在机翼的油箱中，通过复杂的燃油分配系统将燃料传递给每台发动机。

　　第一架波音747在1970年就开始投入使用，凭借着它那极好的飞行安全记录，至今仍受到乘客和机组人员的喜爱。但一旦发生事故，伤亡率也会很高，毕竟它搭载的乘客太多了。

满载燃料的机翼

油箱被装在中空的机翼里

驾驶舱

客舱

航空公司必须对飞机进行
定期检修，以保证安全

外侧起落架

超音速客机的未来

1969年3月2日，世界上第一架超音速客机——"协和式"客机首航，很多人相信这就是未来的客机。但是，"协和式"飞机推出不久，燃油价格大幅上升，导致运行费用增高，对大多数航空公司来说，每次只能搭载100名乘客的"协和式"客机，运营成本实在太高，航空公司用不起"协和式"了。

当今客机的驾驶舱里全是计算机，相比之下，"协和式"飞机的驾驶舱看起来相当落伍。

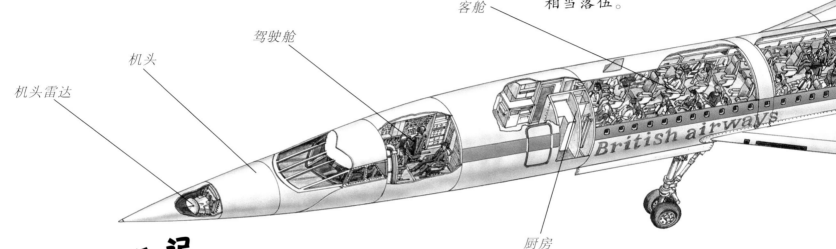

机头雷达　机头　驾驶舱　客舱　厨房

航空大事记
1969年
"协和式"首飞

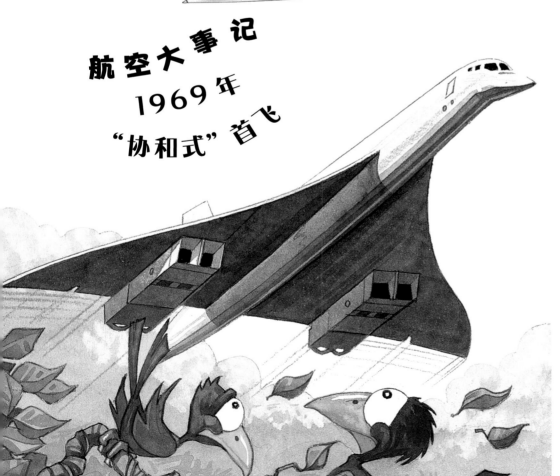

声爆和坠机

"协和式"飞机飞行需要大量费用，所以机票的价格非常高。但这条航线穿梭于欧洲和美国，是最成功的跨大西洋航线。公司主管有时可以一天内飞一个来回，可以更有效更快速地进行商务贸易，而不像以前要花上六七个小时。英国航空公司和法国航空公司都有一大批"协和式"飞机。但在2000年，"协和式"飞机发生了灾难性坠机事故，造成113人死亡。2003年，"协和式"飞机退出历史舞台。"协和式"飞机油耗大，运行成本高，噪声污染严重……种种超音速客机的弊端，使得新的超音速客机也不太可能再回到天空。

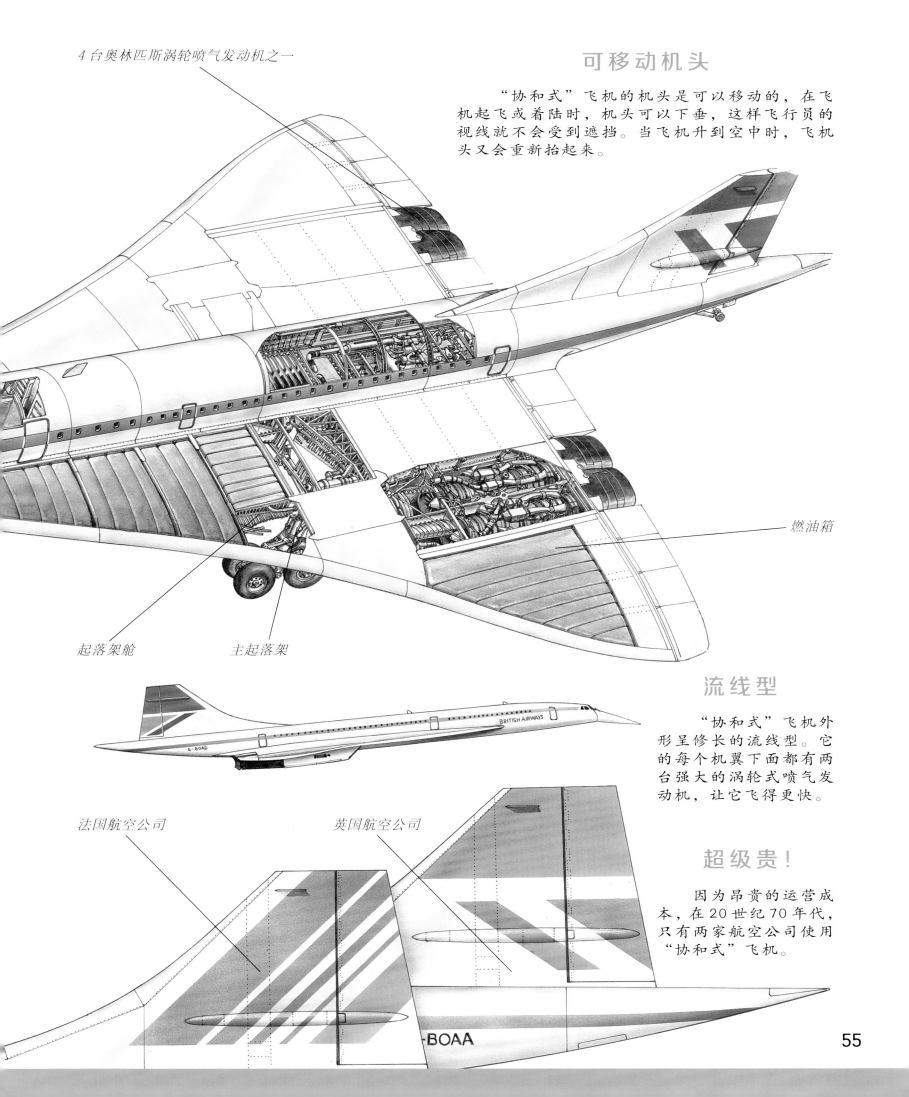

4台奥林匹斯涡轮喷气发动机之一

可移动机头

"协和式"飞机的机头是可以移动的,在飞机起飞或着陆时,机头可以下垂,这样飞行员的视线就不会受到遮挡。当飞机升到空中时,飞机头又会重新抬起来。

燃油箱

起落架舱

主起落架

流线型

"协和式"飞机外形呈修长的流线型。它的每个机翼下面都有两台强大的涡轮式喷气发动机,让它飞得更快。

法国航空公司

英国航空公司

超级贵!

因为昂贵的运营成本,在20世纪70年代,只有两家航空公司使用"协和式"飞机。

换着花样飞

曾经充满热情的两个飞行爱好者决心向世人证明人类是可以飞行的，从那以后，飞行就开始了。事实上，我们今天世界上庞大的飞机工业真正开始于自行车工厂。对大多数人来说，飞行仍然是一个业余爱好，人们享受它带来的自由感。但是这种自由感需要支付高昂的费用。一般来说，小而轻的飞机，买起来更便宜，飞起来也更省钱。哈哈，这样看来，模型飞机最划算！

跳伞

跳伞最初是飞行员的安全措施，现在成了一项流行运动。可操纵的降落伞可以帮助人们精准着陆。

著名飞行器 皮茨特技双翼飞机

幸亏我把自己牢牢捆住了！

特技飞行

滑翔伞

1993 年，英国滑翔伞大师罗比·惠特尔从 4526 米的高处跳落，打破了当时的世界跳伞高度纪录。

随着人类对飞机的飞行动作逐渐认识、深入研究，人类对飞机的掌控能力也越来越游刃有余。技术高超的飞行员可以操控飞机做侧滚、翻筋斗、螺旋下降等特殊动作，这就是特技飞行。特技飞行很有趣，但它会使飞机承受巨大的压力。并不是所有飞机都能做特技飞行，客机和运输机等均不能做特技飞行。

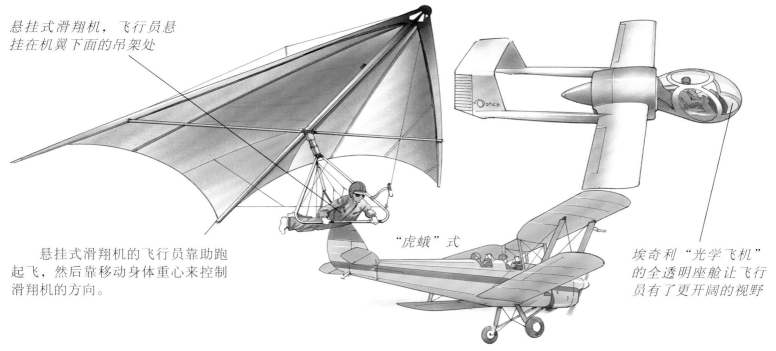

悬挂式滑翔机，飞行员悬
挂在机翼下面的吊架处

悬挂式滑翔机的飞行员靠助跑
起飞，然后靠移动身体重心来控制
滑翔机的方向。

"虎蛾"式

埃奇利"光学飞机"
的全透明座舱让飞行
员有了更开阔的视野

上升热气流动力

会飞的"老虎"

"虎蛾"式滑翔机（上
图）十分适合特技飞行，
很受飞行爱好者的欢迎。

埃奇利"光学飞机"（右
上图）非流线型的外形似乎
不太符合空气动力学的规则，
但它并不是为了打破速度纪
录而被造出来的，而是希望
飞行员拥有更好的观察视野。

滑翔机没有发动机，需
要靠弹射或牵引才能起飞。
一旦飞在空中，飞行员就能
依靠上升的热气流自由翱
翔。

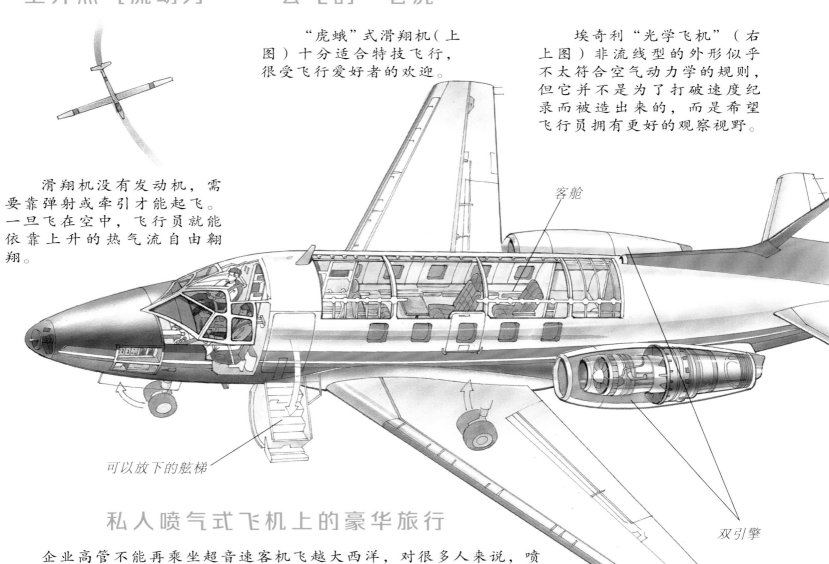

客舱

可以放下的舷梯

双引擎

私人喷气式飞机上的豪华旅行

企业高管不能再乘坐超音速客机飞越大西洋，对很多人来说，喷
气式商务客机就成了第二个选择。

1966 年的罗克韦尔"佩刀"客机（上图）是最早的喷气式商务飞
机之一。飞机内部被设计成设备齐全的空中办公室。

创造飞行纪录

自从莱特兄弟证明人类是可以飞上天的以后，人类就进入了不断创造飞行纪录的历史。美国人布莱恩·艾伦就是一项飞行纪录的创造者。1979年，这位曾经的自行车运动员，成为人类历史上第一个依靠人力飞越英吉利海峡的人。人力？！没错，他就是蹬啊，蹬啊，蹬着比他体重还轻的"游丝信天翁号"人力飞机，一路蹬过了英吉利海峡！这奇迹般的 2 小时 49 分钟的飞行历程，被永久地载入了史册。

脚踏动力

1977 年，布莱恩·艾伦驾驶着他的第一架飞机"游丝神鹰号"（上图）在空中飞行 7 分多钟。

航空大事记　1977年 第一架人力飞机首飞成功

嗖嗖嗖！

"游丝神鹰号"飞机完成了一个"8"字形图案的特殊航线，从起飞到降落共飞行 2.17 千米，速度在 16 千米 / 时到 17 千米 / 时之间。保罗·麦卡克莱迪博士在这架飞机的设计工艺基础上，制造了"游丝信天翁号"飞机，并在1979 年成功飞越英吉利海峡。

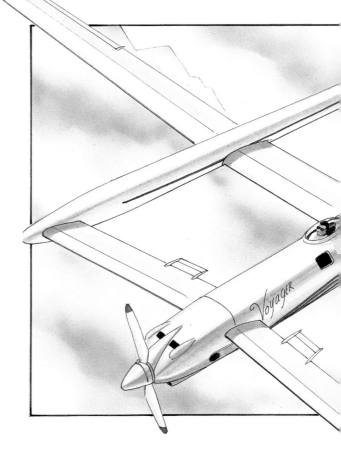

飞行的油箱

"旅行者号"从加利福尼亚起飞，中途不着陆、不加油，做了一次为期 9 天的环球飞行。这架飞机的设计很独特，飞机翼展约 34 米，就像是一个巨大的飞行油箱！它现在在美国国家航空航天博物馆展出。

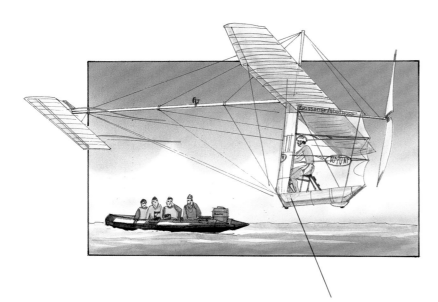

轻盈的"游丝信天翁号"

嗖嗖嗖!

最小的!

"银色子弹"（上图）是最小的喷气式飞机真机。它由美国飞行员鲍勃·毕晓普制造。这架只有5.2米翼展的飞机，虽然身材小巧，速度可不慢，时速能达到483千米。

世界纪录!

嗖嗖嗖!

2001年，奥地利人曼弗雷德·鲁姆驾驶着他的滑翔机，以700.6千米的距离打破了滑翔距离纪录。

1988年，一位希腊自行车选手再现了戴达鲁斯和伊卡洛斯的传奇故事。他的脚踏式人力飞机"戴达鲁斯号"距离海面高度只有5米（下图）。

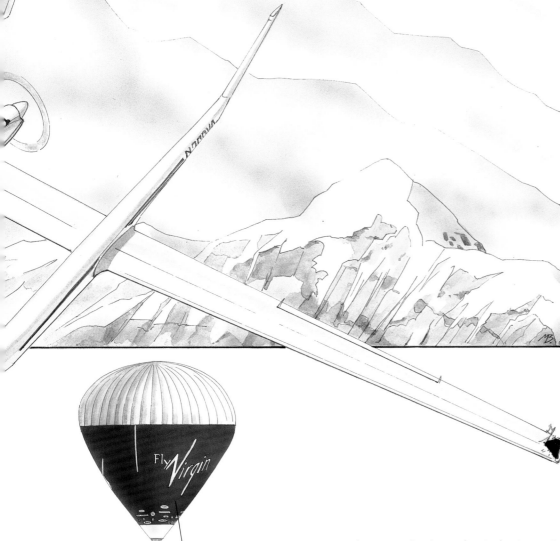

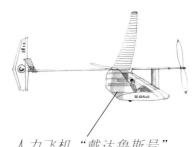

人力飞机"戴达鲁斯号"

"维珍大西洋飞行者号"

1987年，理查德·布兰森和佩尔·林兹兰德乘坐"维珍大西洋飞行者号"热气球（左图）飞越大西洋，创下了当时热气球飞行速度最快、充气量最大的纪录。1991年，他们又创下了飞越太平洋的飞行纪录。

59

飞向太空

1903 年，当人类为"飞行者号"飞离地面 3 米而欢呼雀跃的时候，谁能想到，有一天，人类将飞离地球，飞向太空。随着人类的不断探索，人们已经不再仅仅满足在大气层内部飞行了，1961 年 4 月 12 日，尤里·加加林成功飞上太空，开启了人类探索太空的新篇章。

航 空 大 事 记
1981 年
第 一 架 航 天 飞 机 诞 生

1981 年 4 月，"哥伦比亚号"航天飞机首次发射。这架航天飞机总长约 56 米，翼展约 24 米，起飞重量约 2040 吨。每次飞行最多可载 8 名宇航员，飞行时间 7~30 天，航天飞机可重复使用 100 次。航天飞机集火箭、卫星和飞机的技术特点于一身，能像火箭那样垂直发射进入空间轨道，又能像卫星那样在太空轨道飞行，还能像飞机那样进入大气层滑翔着陆，是一种新型的多功能航天飞行器。

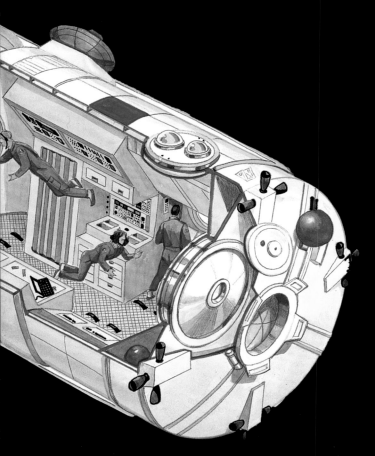

国际空间站

国际空间站（ISS）于 1993 年设计完毕并开始实施工程项目，是目前最大的在轨运行空间平台，是能够进行大规模、多学科基础和应用科学研究的空间实验室。可用于开展生命、生物、材料等学科研究，开发空间资源，长期进行对地观测和天文观测，支持人在地球轨道上长期驻留。国际空间站项目由美国、俄罗斯等 16 个国家共同建造、运营和使用，是有史以来规模最大、耗时最长且涉及国家最多的空间国际合作项目。

从 2002 年起，国际空间站由至少两名宇航员进行控制，开始在太空永久载人。

太空观光客

2004 年 6 月 21 日，"太空船一号"（上图）和它的发射助推器"白色骑士"，开始了第一次私人赞助的太空飞行。"白色骑士"把"太空船一号"带到 15.2 千米高处，进行分离，"太空船一号"在自身发动机点火后，以 3 马赫的速度冲到距离地球 100 千米的上空。2004 年 10 月，依然是同一个团队，凭借他们取得的成绩，赢得了 1000 万美元的安萨里 X 奖金。

仿照"太空船一号"设计建造的"维珍银河号"致力于发展太空旅游业。不幸的是，和早期的航空公司一样，20 万美元的机票真是昂贵得令人咋舌。

右图展示了航天飞机飞行的各个阶段。
航天飞机起飞时携带一个燃料舱，燃料用完后，燃料舱会自动从机身脱离。
返回地球时，航天飞机滑行下降。

飞向未来

1903 年，当"飞行者号"在空中停留的具有深刻历史意义的 12 秒时，现代化的计算机还没出现。今天是计算机操控着飞机，飞行员往往只需监督飞机起飞和降落及在飞机上处理一些危急情况。在危险区域，比如战争地带，空军就会使用由电脑控制的无人机。尽管现代飞机造价是高昂的，但是训练飞行员需要的费用更多。对现在的飞机来说，计算机是必不可少的，其实新型飞机被创造出来以前也是。在飞机原型建成以前，飞行员会用专门的测试方案模拟空中飞行，测试新的设计。现在，飞行员可以在模拟装置中或者在被设计成驾驶舱的"视频游戏"中进行训练。

超级巨无霸！

几家来自英国、德国、法国、西班牙等的欧洲飞机制造商合并以后，组成了新的"超级巨无霸"制造商，创造了"空中巴士"。新制造商中的每个国家都参与这巨型飞机的制造，负责制造巨型飞机的一部分，然后再组装起来。它可以搭载 555 名乘客，航程为 1.52 万千米。

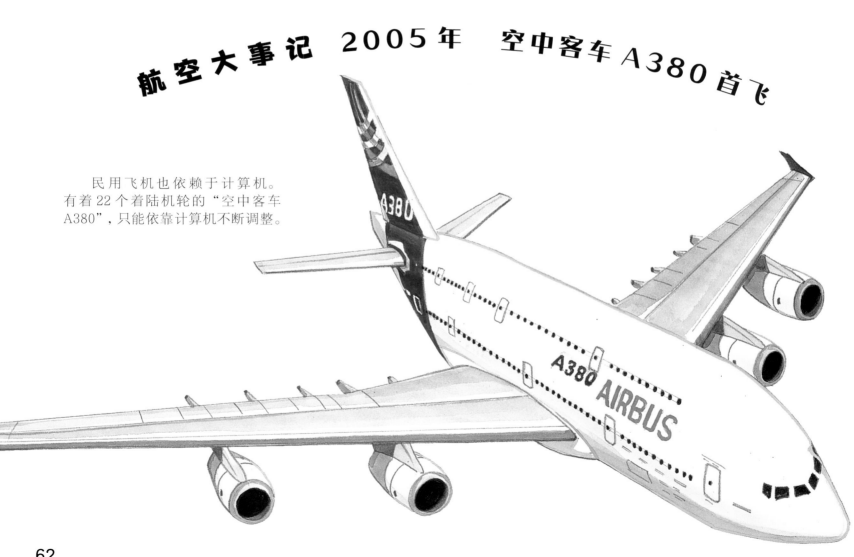

航空大事记 2005 年 空中客车 A380 首飞

民用飞机也依赖于计算机。有着 22 个着陆机轮的"空中客车 A380"，只能依靠计算机不断调整。

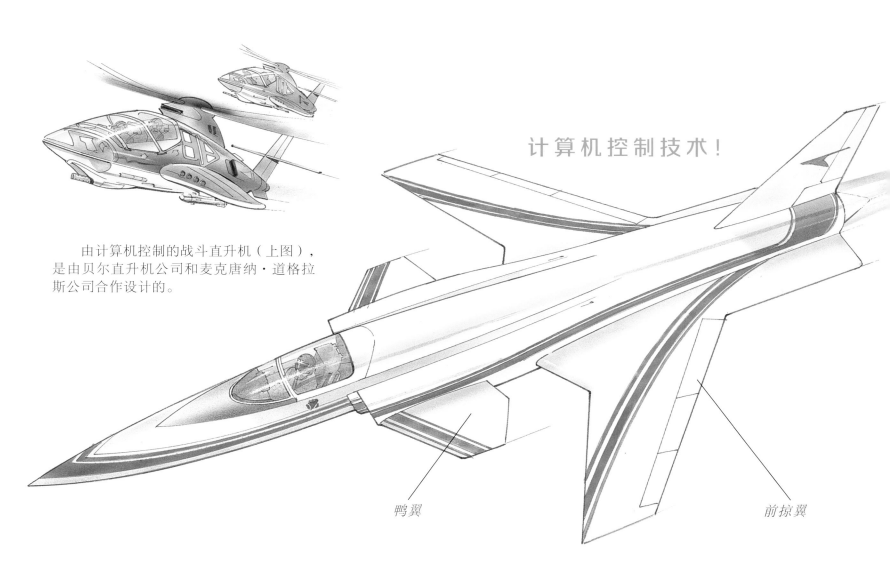

计算机控制技术！

由计算机控制的战斗直升机（上图），是由贝尔直升机公司和麦克唐纳·道格拉斯公司合作设计的。

鸭翼

前掠翼

格鲁曼公司的X-29验证机（上图）是低速行驶时很不稳定的飞机，所以，它需要多台机载计算机来帮助飞行员进行操作。鸭翼能使飞机变得更灵活，但是不稳定。如上图所示，在飞行员后面的那个又短又粗的机翼就叫作"鸭翼"。

注意，瞄准和射击！

2004年发明的交互式头盔可以让战斗机飞行员眨眼间锁定并射击敌人。

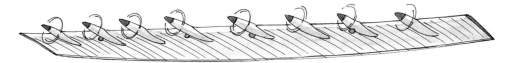

太阳翼

飞行产生了大量的空气污染。人们对污染和气候变化越来越担忧，科学家们正在寻找可替代燃料的能源。上图是"探险者号"太阳能飞机的太阳翼，该飞机已经进行过多次成功飞行，不过，它仍处于试验阶段，谁知道将来会怎么样呢？或许这就是未来太阳能飞机的基础。我们期待着。